CHEMISCHE BESTIMMUNG
VON STEROIDEN IM MENSCHLICHEN PLASMA

CHEMISCHE BESTIMMUNG VON STEROIDEN IM MENSCHLICHEN PLASMA

VON

GEORG WALTER OERTEL

DIPLOM-CHEMIKER, DR. RER. NAT., PRIVATDOZENT FÜR EXPERIMENTELLE ENDOKRINOLOGIE, ENDOKRINOLOGISCHE ABTEILUNG DES INSTITUTS FÜR HYGIENE UND MIKROBIOLOGIE, UNIVERSITÄT DES SAARLANDES HOMBURG / SAAR

SPRINGER-VERLAG
BERLIN · GÖTTINGEN · HEIDELBERG
1962

Alle Rechte, insbesondere das der Übersetzung in fremde Sprachen,
vorbehalten

Ohne ausdrückliche Genehmigung des Verlages ist es auch nicht gestattet,
dieses Buch oder Teile daraus auf photomechanischem Wege
(Photokopie, Mikrokopie) oder auf andere Art zu vervielfältigen

© by Springer-Verlag OHG., Berlin · Göttingen · Heidelberg 1962

Softcover reprint of the hardcover 1st edition 1962

Library of Congress Catalog Card Number 62—16945

ISBN 978-3-540-02891-8   ISBN 978-3-642-92844-4 (eBook)
DOI 10.1007/978-3-642-92844-4

Vorwort

Vorliegende Monographie entsprang dem Bedürfnis nach einer kurzen Übersicht über Methoden zur chemischen Bestimmung von Steroiden in peripherem menschlichen Blutplasma. Die Auswahl der einzelnen Bestimmungsmethoden erfolgte auf Grund der Erfahrungen, die zum großen Teil während einer mehrjährigen Lehrtätigkeit am Steroid Trainings Institute, US Public Health Service in Salt Lake City, Utah, USA (Prof. Dr. K. B. EIK-NES) gesammelt wurden. Um dem interessierten Leser seinerseits die Wahl eines geeigneten Analysenverfahrens zu erleichtern, blieb die Darstellung auf die wohl wichtigsten Arbeiten beschränkt. Eine eingehende Beschreibung der einzelnen Methoden sollte die oft schwer zugängliche Originalliteratur ersetzen.

Für die kritische Mitarbeit am Abschnitt „Zuverlässigkeitskriterien" gebührt Herrn Dr. L. HORBACH, Homburg/Saar, besonderer Dank. Den Herren Professoren Dr. Dr. W. ZIMMERMANN, Homburg/Saar, Dr. L. T. SAMUELS und Dr. K. B. EIK-NES, Salt Lake City, Utah, USA sei für Anregungen und wertvolle Hinweise bei der Entstehung dieser Zusammenfassung gedankt. Dem Springer-Verlag, Berlin-Göttingen-Heidelberg, gebührt besonderer Dank für sein Anerbieten, vorliegende Monographie innerhalb einer solch kurzen Frist erscheinen zu lassen.

Homburg/Saar, Dezember 1961

GEORG W. OERTEL

Inhaltsverzeichnis

Einleitung 1
C_{18}-Steroide 7
  1. Bestimmung von Oestron, Oestradiol und Oestriol in Plasma nach ITTRICH 9
  2. Bestimmung von freiem Oestron und Oestradiol in Plasma nach SVENDSEN 12
  3. Bestimmung von Oestron, Oestradiol und Oestriol in Schwangerenplasma nach PREEDY und AITKEN 14
  4. Bestimmung von Gesamtoestrogenen in Plasma nach OERTEL 16

C_{19}-Steroide 19
Testosteron 19
  1. Bestimmung von Testosteron in Plasma nach HOLLANDER und HOLLANDER 20
  2. Bestimmung von Testosteron in Plasma nach FINKELSTEIN et al. 21
  3. Bestimmung von Testosteron in Plasma nach OERTEL . . . 23
17-Ketosteroide 25
  1. Bestimmung von 17-Ketosteroiden neben 17-Hydroxycorticosteroiden in Plasma nach CERESA und CRAVETTO 26
  2. Bestimmung von 17-Ketosteroiden und Dehydroepiandrosteron sowie 17-Hydroxycorticosteroiden in Serum nach SAIER et al. 29
  3. Bestimmung von 17-Ketosteroiden und Dehydroepiandrosteron in Plasma nach HUDSON und OERTEL 31
  4. Bestimmung von Dehydroepiandrosteron, Androsteron, Aetiocholanolon und „11β-Hydroxyaetiocholanolon" in Plasma nach OERTEL und KAISER 33
  5. Bestimmung von Dehydroepiandrosteronsulfat und Androsteronsulfat in Plasma nach CONRAD et al. 36

C_{21}-Steroide 39
Progesteron 39
  1. Bestimmung von Progesteron in Plasma nach ZANDER und SIMMER 41
  2. Bestimmung von Progesteron in Plasma nach SHORT 42
  3. Bestimmung von Progesteron (und Pregnandiol) in Plasma nach SOMMERVILLE und DESHPANDE 44
  4. Bestimmung von Progesteron in Plasma nach OERTEL et al. . 45
Pregnandiol 47
  1. Bestimmung von Pregnandiol in Plasma nach SOMMERVILLE und DESHPANDE 48
  2. Bestimmung von Pregnandiol in Plasma nach OERTEL et al. . 50

Inhaltsverzeichnis

Corticosteroide 52
1. Bestimmung freier 17-Hydroxycorticosteroide in Plasma nach SILBER und BUSCH 59
2. Bestimmung freier 17-Hydroxycorticosteroide in Plasma nach KASSENAAR et al. 60
3. Bestimmung freier 17-Hydroxycorticosteroide in Plasma nach PETERSON et al. 61
4. Bestimmung freier 17-Hydroxycorticosteroide in Plasma nach EIK-NES 62
5. Bestimmung der gesamten 17-Hydroxycorticosteroide in Plasma nach REDDY et al. 63
6. Bestimmung von freien und conjugierten 17-Hydroxycorticosteroiden in Plasma nach KORNEL 65
   A. Freie 17-Hydroxycorticosteroide 65
   B. Conjugierte 17-Hydroxycorticosteroide 65
   C. Glucuronoside 66
7. Fluorometrische Bestimmung freier 11-Hydroxycorticosteroide in Plasma nach DE MOOR et al. 67
8. Fluorometrische Bestimmung von freiem Cortisol in Plasma nach SILBER et al. 69
9. Fluorometrische Bestimmung von freiem Cortisol und Corticosteron in Plasma nach ELY et al. 70
10. Bestimmung von freiem Cortisol und Corticosteron in Plasma nach BRAUNSBERG und JAMES 72
11. Fluorometrische Bestimmung von freiem Cortisol in Plasma nach BONDY et al. 74
12. Bestimmung von freiem Cortisol und Corticosteron in Plasma nach LEWIS 76
13. Bestimmung von Cortisol in Plasma nach BERLINER 77
14. Bestimmung von Cortisol in Plasma nach BOJESEN 79
15. Enzymatische Bestimmung von Corticosteoriden in Plasma nach HÜBENER und SAHRHOLZ 82

Aldosteron 84
1. Bestimmung von Aldosteron in Plasma nach KLIMAN und PETERSON 85
2. Bestimmung von Aldosteron in Plasma nach BOJESEN und DEGN 89

Zuverlässigkeitskriterien 92

Reinigung der Reagentien 98

Literatur 102

Einleitung

Seit der ersten chemischen Bestimmungsmethode für 17-Ketosteroide (17-KS) im Harn, die bereits 1935 von ZIMMERMANN [1] eingeführt wurde, hat sich die Zahl brauchbarer Verfahren zur quantitativen Analyse von Harnsteroiden beträchtlich vermehrt. Da die meisten dieser Methoden jedoch lediglich inaktive Metabolite der eigentlichen C_{21}-, C_{19}- und C_{18}-Steroidhormone erfassen, lassen sich nur in beschränktem Umfange Rückschlüsse auf die Sekretion der einzelnen Steroidhormone ziehen. Aus diesem Grunde wurde schon des öfteren vorgeschlagen, Harnanalysen durch Plasmabestimmungen zu ersetzen [2], mit denen die Konzentration der zirkulierenden und damit aktiven Steroidhormone gemessen werden kann.

Obgleich Versuche in dieser Richtung schon vor 15 Jahren begonnen wurden [3], gelang es erst in den letzten Jahren, zuverlässige Analysenmethoden für Plasmasteroide zu entwickeln. Die Vervollkommnung bereits bekannter und die Einführung neuer Verfahren zur Trennung von Substanzgemischen und Reinigung isolierter Verbindungen trugen wesentlich zum Fortschritt bei. Säulen- und Papierchromatographie, Elektrophorese, Gegenstromverteilung und Verwendung radioaktiver Isotope erlauben im allgemeinen eine Abtrennung selbst geringster Substanzmengen, die anschließend quantitativ bestimmt werden können. Durch Verfeinerung der apparativen Hilfsmittel, wie Spektralphotometer oder Fluorometer, gelang es weiter, die Empfindlichkeit verschiedener Bestimmungsmethoden zu steigern, daß eine zufriedenstellende Analyse der niedrigen Steroidkonzentrationen, wie sie im Blut anzutreffen sind, selbst in relativ kleinen Plasmavolumina möglich erscheint. Nicht zuletzt aber erleichterte die Entwicklung neuer und die Verbesserung schon erprobter Farbreaktionen die Bemühungen um brauchbare Methoden zur Bestimmung von Plasmasteroiden.

Eine der ersten Voraussetzungen für die quantitative Analyse eines Steroids, nicht nur im Plasma, ist der spezifische Nachweis, der letztlich nur durch eindeutige Isolierung und Charakterisierung der reinen Verbindung gebracht werden kann. Während noch vor wenigen Jahren die Identifizierung ausschließlich durch Schmelzpunkt, optische Aktivität und Bildung geeigneter Derivate erfolgte, kann man heute in Ermanglung größerer Substanzmengen die Identität einer isolierten Verbindung auf Grund anderer physikochemischer Eigenschaften weitgehend ermitteln, wobei ein Vergleich solcher Eigenschaften mit denen der vermuteten Reinsubstanz die Identifizierung vereinfacht. Eigenschaften wie Wanderungsgeschwindigkeit bei Papierchromatographie in verschiedenen Lösungsmittelsystemen, Verteilungskoeffizienten bei Lösungsmittelverteilung, Derivatbildung mit markierten Reagentien sowie Ultraviolett- und Infrarotspektroskopie zählen zu den wichtigsten Hilfsmitteln. Steht doch mit der Infrarotspektralanalyse, die bereits mit 3—5 μg durchgeführt werden kann, ein Verfahren zur Verfügung, das zur Isolierung von Steroiden nicht nur brauchbar, sondern in Zukunft sogar unumgänglich sein dürfte. Hierbei scheint es jedoch notwendig, das Infrarotspektrum der isolierten, unbekannten Substanz mit dem des vermuteten reinen Standards unter identischen Versuchsbedingungen — z. B. nach Säulenchromatographie — zu vergleichen, da bei solch geringen Konzentrationen eine Beeinträchtigung des Absorptionsspektrums schon durch kleinste Mengen verunreinigender Fremdstoffe zu beobachten ist.

Gleichzeitig mit der Identifizierung der gesuchten Verbindung läßt sich zumeist auch eine quantitative Bestimmung vornehmen, so daß die erforderliche Empfindlichkeit der aufzubauenden Analysenmethode bekannt ist. Auf die Isolierung der einzelnen Verbindung oder einer Gruppe verwandter Substanzen folgt dann die Entwicklung der quantitativen Bestimmungsmethode, die gegebenenfalls in der Routineanalyse für das klinische Laboratorium ihre Vollendung erfährt.

Alle bisher beschriebenen Verfahren zur quantitativen Bestimmung von Plasmasteroiden bestehen im wesentlichen aus folgenden Schritten:
1. Extraktion,
2. Reinigung des extrahierten Materials,
3. Identifizierung und quantitative Bestimmung.

Was die Gewinnung des zur Analyse benötigten Ausgangsmaterials betrifft, so erscheint angesichts der Tagesschwankungen im Blutspiegel einzelner Steroide, wie z. B. 17-Hydroxy-corticosteroide [4] die Blutentnahme zu einem bestimmten Zeitpunkt angebracht. Auch die Tatsache, daß im nüchternen Zustand der Lipoidgehalt des Blutes verhältnismäßig niedrig ist, sollte bei der Wahl des Zeitpunktes beachtet werden. Eine systematische Untersuchung über den Einfluß von Antikoagulantien auf die verschiedenen Steroidanalysen steht noch aus. Im allgemeinen verwendet man neben Natriumcitrat (0,1 Vol einer 3,8%igen Lösung) und Kalium-

oder Ammoniumoxalat (0,1 Vol 1% Lösung oder 2 mg/ml) vorzugsweise Heparin (100 E/10 ml). Durch unmittelbares Abtrennen des Plasmas nach Zentrifugieren vermeidet man Verluste an Steroiden, wie sie im Verlauf einer Hämolyse möglicherweise eintreten. Nur ein Teil der im Plasma enthaltenen Steroide liegt in „freier" Form vor und kann mittels organischer Lösungsmittel extrahiert werden. Hierbei kommt es gleichzeitig zu einer weitgehenden Spaltung sekundärer Bindungen zwischen Steroid und Plasmaprotein [5—10]. Die Energie dieser Bindung, welche wahrscheinlich für den Transport der „freien" Steroide eine Rolle spielt, beträgt nur etwa 5 kcal/Mol. Offensichtlich ist die Affinität einzelner Steroide für bestimmte Plasmaproteine verschieden. So bindet das in der α_2-Globulin-Fraktion auftretende „Transcortin" Cortisol rund 6000mal stärker als Albumin [11, 12]. Dagegen ist eine Bindung von Oestron oder Testosteron an „Transcortin" praktisch ohne Bedeutung. Für die Extraktion „freier" Plasmasteroide eignen sich zahlreiche organische Lösungsmittel [13, 14], wie Äther, Methylenchlorid, Chloroform, Äthylacetat und Mischungen verschiedener Lösungsmittel. Die Auswahl des Lösungsmittels sollte an Hand des Verteilungskoeffizienten der zu extrahierenden Steroide im jeweiligen Lösungsmittelsystem erfolgen [13—15]. Während z. B. durch ein einmaliges Ausschütteln einer wäßrigen Lösung von 6 β-Hydroxycortisol mit Chloroform 4,8% des Steroids extrahiert werden können (Verteilungskoeffizient: $K_{Chloroform/Wasser}$ = 0,05), finden sich bei Verwendung von Äthylacetat 47% des Steroids im organischen Lösungsmittel ($K_{Äthylacetat/Wasser}$ = 0,9). Die Abtrennung „freier" Steroide aus biologischen Flüssigkeiten durch Dialyse [16—19] führt zwar zu verhältnismäßig reinen Extrakten, benötigt aber zuviel Zeit, als daß der Einsatz der Dialyse im klinischen Labor zu rechtfertigen wäre. Desgleichen dürfte die Adsorptionsextraktion mittels Aktivkohle für Routineuntersuchungen ohne Wert sein, wenngleich dieses Verfahren bei der Aufarbeitung größerer Plasmamengen gewisse Vorteile bietet [20]. Als schwerwiegender Nachteil ist die mögliche Bildung von Artefakten [21] anzusehen, wie sie bei der Adsorption von Corticosteroiden an Aktivkohle beobachtet wurde. Außer ihrer Polarität sind Verdampfungswärme und Neigung zur Emulsionsbildung der bei Extraktion benutzten Lösungsmittel zu beachten. Die Bildung von Emulsionen, die bei heftigem Schütteln während der Extraktion von Plasma mit Methylenchlorid oder Chloroform oft eintritt, kann z. B. durch Verwendung kalter Lösungsmittel, wie auch durch Verdünnung des Plasmas mit 1% Kochsalzlösung oder

Natronlauge [22, 23] zum Teil vermieden werden. Bereits entstandene Emulsionen lassen sich durch Aussalzen oder Zentrifugieren brechen. Verschiedentlich wird auch der Zusatz von ,,Bradosol'', Ciba S. A., Basel, zu Plasma vorgeschlagen [24, 25]. Da der Gehalt des Plasmas an ,,freien'' Steroiden, wie z. B. an Porter-Silber-Chromogenen, entgegen früheren Angaben [26, 27] in Gegenwart roter Blutkörperchen abzunehmen scheint [28—30], empfiehlt es sich, die Abtrennung des Plasmas durch Zentrifugieren unmittelbar nach Blutentnahme durchzuführen. Was die Beständigkeit ,,freier'' Plasmasteroide angeht, so konnte nach längerer Lagerung von Plasma bei —15ºC kein Verlust an Porter-Silber-Chromogenen nachgewiesen werden [31, 32], während bei einer fluorometrischen Bestimmung von Corticosteron eine Beeinträchtigung zu verzeichnen war [33].

Zirkulieren C_{21}- und C_{18}-Steroide im Plasma teilweise als ,,freie'' Verbindungen, so sind die wichtigsten C_{19}-Steroide konjugiert [34 bis 37]. Die bislang vertretene Ansicht, nur ,,freie'' Steroide besäßen physiologische Wirksamkeit, muß nach jüngsten Untersuchungen eingeschränkt werden [38]. Vermag doch Oestronsulfat eine kompetitive Hemmung auf die durch Pyridoxalphosphat bewirkte Reaktivierung von Phosphorylase auszuüben. Auch die bisherige Annahme, daß die Konjugation von Steroiden ausschließlich mit Glucuron- oder Schwefelsäure erfolgt [39—41], scheint überholt. Kürzlich gelang es nämlich, neben den vorherrschenden Schwefelsäureestern der Plasma-17-KS [42, 43] phosphat- und lipoidhaltige Komplexe von 17-KS aus peripherem Plasma zu isolieren [44, 45]. Eine Bestimmung konjugierter Plasmasteroide bedingt daher ebenso wie die Harnanalyse zunächst eine Hydrolyse der verschiedenen Konjugate. Zumeist geht dieser jedoch eine Extraktion des Plasmas bei gleichzeitiger Fällung der Proteine voraus, wobei organische Lösungsmittel [7, 46, 47] wie Methanol, Äthanol, Aceton, z. T. mit Zusätzen wie Zinksulfat [48] oder Magnesiumchlorid [49] oder Delsals Reagens [50, 51] bevorzugt werden. Mit dem von KORNEL [52] angegebenen Verfahren läßt sich außerdem noch eine wirkungsvolle Reinigung von Plasmaextrakten erzielen. Da die Empfindlichkeit mancher Steroidkonjugate wie z. B. Dehydroepiandrosteronsulfat, gegenüber der herkömmlichen, heißen Säurehydrolyse bekannt ist, benutzt man für die Spaltung der Konjugate vorteilhaft eine enzymatische Hydrolyse oder andere, schonende Hydrolyseverfahren. Steroidsulfate können spezifisch mit Sulfatase [53, 54] wie auch mittels Solvolyse [55, 56] gespalten werden. Obwohl auch die glykosidische Bindung der Steroidglucuronoside gegebenenfalls unter milden Reaktionsbedingungen hydrolysiert [57], so stellt doch die Inkubation von Plasmaextrakten mit β-Glucuronidase das übliche Hydrolyseverfahren dar [58, 59]. Die Verwendung von Enzympräparaten, welche sowohl β-Glucuronidase wie auch Sulfatase enthalten [60, 61], gestattet die gleichzeitige Hydrolyse von Steroidglucuronosiden und -sulfaten [62]. Auf die Hydrolyse der Steroidkonjugate folgt die Extraktion der freigesetzten Steroide nach den bereits erwähnten Überlegungen.

Angesichts der geringen Steroidkonzentrationen im Plasma bildet die Reinigung der Extrakte einen wesentlichen Teil aller Methoden. Durch Ausschütteln mit wäßriger Natronlauge lassen sich saure und phenolische Begleitstoffe entfernen. Die bei Behandlung des Plasmas mit Aceton, Äthanol usw. gleichzeitig extrahierten Lipoide werden durch Ausfrieren in 70% Methanol [63] oder durch Lösungsmittelverteilung [64] abgetrennt. Als Lösungsmittelsysteme hierfür haben sich wäßrige Lösungen von Äthanol oder Methanol und Petroläther [65], Pentan [66], Hexan [67, 68] bewährt. Neben der langwierigen Gegenstromverteilung [69—72] eignen sich Adsorptions- und Verteilungschromatographie [73, 74] für die weitere Aufarbeitung von Plasmaextrakten. Die Säulenchromatographie solcher Extrakte an Aluminiumoxyd [75—78], Florisil [79—81], Silicagel [82—84], Celite [85] und Kieselgur [86] führt nicht nur zu gereinigten, steroidhaltigen Extrakten, sondern erlaubt in einzelnen Fällen sogar eine Auftrennung des Steroidgemischs in die Komponenten. Dem wachsenden Verlangen nach spezifischeren Bestimmungsmethoden für Plasmasteroide kommt die Anwendung von Papierchromatographie [74, 87—94] entgegen, die eine einfache und wirkungsvolle Abtrennung der gewünschten Steroide bei gleichzeitiger Reinigung zuläßt.

Im Verein mit den bei Extraktion und Reinigung eingesetzten Verfahren ermöglichen die sich anschließenden, mehr oder weniger spezifischen Farbreaktionen zumeist auch eine ausreichende Identifizierung der vorhandenen Steroide. So gilt z. B. die Porter-Silber-Reaktion [95] als spezifisch für 17-Hydroxy-20, 21-Ketole, und nur phenolische Steroide zeigen eine positive Kober-Reaktion [96]. Von den vielfältigen Farbreaktionen, die sich in der Steroidanalytik behauptet haben, sind wenige in ihrem Mechanismus bekannt. Erst in letzter Zeit gelang die Aufklärung der Zimmermann-Reaktion [97] und der Porter-Silber-Reaktion [98]. Alle Nachweisverfahren bedingen, wie bereits angedeutet, die Anwesenheit bestimmter funktioneller Gruppen im Steroidmolekül. Sei es die der 17-Ketogruppe benachbarte Methylengruppe im Fall der Zimmermann-Reaktion, die Δ^4-3-Ketogruppe, welche zur charakteristischen UV-Absorption bei 240 mμ führt, oder eine Δ^5-3 β-Hydroxykonfiguration bei der Oertel-Eik-Nes-Reaktion [99]. Auf Grund der außerordentlichen Empfindlichkeit und großen Genauigkeit von Radioaktivitätsmessungen erscheint der Einsatz von Isotopen bei der Bestimmung kleinster Mengen von Plasmasteroiden besonders vielversprechend. Die Verwendung von Isotopen kann auf zweierlei Weise erfolgen: Überführung des betreffenden Steroids in ein geeignetes Derivat mit isotopenmarkiertem Reagenz [100, 101] oder Zusatz einer bestimmten Menge des jeweiligen, jedoch isotopenmarkierten Steroids und Bestimmung der spezifischen Radioaktivität durch Messung der Impulse/min und quantitative chemische Erfassung [68, 93, 102, 103]. Eine Kombination beider Verfahren stellt die sog. ,,doppelte Markierung" dar, wie sie zur Bestimmung von Aldosteron [104], Oestrogenen [105] und Cortisol [106] erfolgreich verwendet wurde.

Genügen im allgemeinen Gruppenanalysen auf der Grundlage der verschiedenen Farbreaktionen für klinisch-diagnostische Zwecke, so bleibt die quantitative Bestimmung einzelner Steroide infolge der komplizierteren und damit auch zeitraubenden Methodik wohl hauptsächlich der wissenschaftlichen Untersuchung vorbehalten.

Im Folgenden sollen nun Methoden zur Bestimmung von Plasmasteroiden eingehender beschrieben werden. Was ihre Auswahl anbetrifft, so haben sich viele der angegebenen Verfahren im klinischen Laboratorium bereits bewährt, während andere angesichts der ihnen zugrundeliegenden neueren Erkenntnisse interessant und brauchbar erscheinen. Als Maßstab für die Anwendbarkeit einer jeden Bestimmungsmethode müssen jedoch die von BORTH [107], DICZFALUSY [108] und LORAINE [109] näher erläuterten Zuverlässigkeitskriterien der

Richtigkeit = Abweichung des Meßwertes vom wahren Wert,
Genauigkeit = Abweichung der Einzelwerte bei Mehrfachbestimmung,
Empfindlichkeit = kleinste nachweisbare, von Null unterscheidbare Konzentration,
Spezifität = Nachweis der Identität des bestimmten Materials

gelten. Soweit Angaben oder Hinweise bezüglich dieser allgemeingültigen Anforderungen in den Originalmitteilungen vorhanden waren, wurden sie in die Beschreibung miteinbezogen. Desgleichen dürften die mit der jeweiligen Methode gefundenen Normalwerte von Interesse sein.

C_{18}-Steroide

Während aus menschlichem Harn bereits 18 natürliche Oestrogene [110] isoliert und ausreichend identifiziert werden konnten, gelang es bisher lediglich
1, 3, 5-Oestratrien-3-ol-17-on (Oestron) [12],
1, 3, 5-Oestratrien-3, 17 β-diol (Oestradiol) [12],
1, 3, 5-Oestratrien-3, 16, 17 β-triol (Oestriol) [12]
sowie Oestronsulfat [111] in peripherem, menschlichem Plasma einwandfrei nachzuweisen. Wie aus Versuchen von VELDHUIS hervorgeht [112], kann ein Teil der im Plasma vorkommenden Oestrogene mit organischen Lösungsmitteln extrahiert werden. Zur Bestimmung der gesamten Oestrogene ist jedoch eine Spaltung vorhandener Konjugate notwendig. Obgleich im allgemeinen die konventionelle Säurehydrolyse [113, 114], wie etwa durch einstündiges Kochen mit 15 Vol-% Salzsäure [115], noch bevorzugt wird, so scheint angesichts der Unbeständigkeit gewisser Oestrogene unter derartigen Bedingungen [116] die schonende enzymatische Hydrolyse [117, 118] von Oestrogenkonjugaten an Bedeutung zu gewinnen. Für die Reinigung oestrogenhaltiger Extrakte empfiehlt sich vor allem die Lösungsmittelverteilung, die zumeist in Anlehnung an die schon 1934 von COHEN u. MARRIAN [119] ausgearbeitete Vorschrift durchgeführt wird. Auch die von ENGEL [120] und BROWN [121] angegebenen Verteilungsverfahren gestatten eine weitgehende Reinigung von Extrakten.Da durch ein Kochen in alkalischer Lösung weder Oestron, noch Oestradiol und Oestriol angegriffen werden, ließe sich ein derartiger Reinigungsschritt, wie er in Bestimmungsmethoden für Harnoestrogene [118, 121—123] enthalten ist, wahrscheinlich auch bei der Aufarbeitung von Plasmaextrakten verwenden. Die Überführung der Oestrogene in die entsprechenden Methyläther [121, 124] kann gleichfalls in die Reinigung von Extrakten einbezogen werden. Eine Auftrennung des in Extrakten enthaltenen Oestrogengemischs in einzelne Fraktionen gelingt mittels Gegenstromverteilung [70, 72, 125], Adsorptions- und Verteilungschromatographie [122, 126—128] sowie Chromatographie an Ionenaustauscher [129, 130] und Papierchromatographie [131—133].

Auf Grund der im Plasma enthaltenen niedrigen Konzentrationen der einzelnen Oestrogene ist die fluorometrische Endpunktbestimmung [24, 25, 112, 130, 134—137] einer Absorptionsmessung gebildeter Kober-Chromogene [24, 121, 128, 130, 138, 139] vorzuziehen. Eine Extraktion der Chromogene [139] erhöht die Spezifität der Kober-Reaktion sowie ihre Empfindlichkeit.

Neben den zahlreichen Methoden, welche eine fluorometrische oder photometrische Bestimmung gebildeter Kober-Chromogene enthalten, seien unbedingt die auf Doppelmarkierung und Isotopenverdünnung beruhenden Verfahren [105, 140] genannt, welche die Fluorescenzmessung benützenden Bestimmungsmethoden in ihrer Empfindlichkeit noch übertreffen.

Die im Folgenden beschriebenen Methoden zur Bestimmung von Oestrogenen im Plasma [24, 25, 105, 138] entsprechen einander weitgehend hinsichtlich Richtigkeit, Genauigkeit und Spezifität, wobei letzteres Kriterium durch Chromatographie oder Papierchromatographie erfüllt wird. Lediglich in der Empfindlichkeit bestehen Unterschiede, die auf die jeweilige Endpunktbestimmung zurückzuführen sind. So kann man z. B. bei photometrischer Auswertung der von Ittrich [126] modifizierten Kober-Reaktion nur die Gesamtmenge an Oestrogenen im Plasma Schwangerer [138] messen, ohne daß größere Volumina Ausgangsmaterial benötigt werden. Die von Ittrich [24] ausgearbeitete Methode

Tabelle 1. *Konzentration von Oestrogenen im peripheren menschlichen Plasma*

Methode	Literatur	Normalplasma µg/100 ml				Schwangerenplasma µg/100 ml			
		Oestron	Oestradiol	Oestriol	Gesamt	Oestron	Oestradiol	Oestriol	Gesamt
Ittrich	[24]	0,6—1,6	0,5—1,1	0,4—1,1		5,6+0,9	1,8+0,7[0]	4,8+1,8[0]	
Svendsen	[105] +	0,01—0,07+	0,03—0,08+			0,09—1,04*+	0,03—3,2*+		
Preedy and Aitken	[25]					1,33—10,8[0]	0,05—1,5[0]	2,16—27,0[0]	
Oertel	[138]				0—0,9				7,9—18,0*

+ = freie Oestrogene, [0] = 3. Trimenon, * = 1.—3. Trimenon.

umfaßt die übliche Säurehydrolyse, Chromatographie der gereinigten Extrakte an Aluminiumoxyd und quantitative Bestimmung der einzelnen Fraktionen durch Fluorometrie. Demgegenüber verwenden Preedy u. Aitken [25] eine Verteilungschromatographie gereinigter Plasmaextrakte an einer Hyflo Supercel (Celite)-Säule zur Auftrennung der Oestrogene in die Einzelfraktionen, deren quantitative Bestimmung gleichfalls fluorometrisch durchgeführt wird. Die hochempfindliche Methode zur Bestimmung von Plasmaoestrogenen, welche von SVENDSEN [105] entwickelt wurde, beruht auf der Veresterung der freien Oestrogene mittels p-Jodbenzolsulfonylchlorid-^{35}S, Verdünnung der isolierten Pipsylate mit entsprechenden ^{131}J-markierten Oestrogen-pipsylaten und Bestimmung des Verhältnisses von ^{35}S/^{131}J durch Messung der jeweiligen Radioaktivität unter Verwendung geeigneter Filter. Ergebnisse von Plasmauntersuchungen sind in Tabelle 1 zusammengefaßt.

1. Bestimmung von Oestron, Oestradiol und Oestriol in Plasma nach ITTRICH [24]

Beträgt der vermutete Oestrogen-Gehalt mehr als 2 μg/100 ml Plasma, so genügen 2 ml Plasma für eine Bestimmung. Bei niedrigeren Konzentrationen benötigt man die doppelte Menge Ausgangsmaterial, so daß bis einschl. des 4. Schrittes entsprechende Volumina der Reagentien zu benützen sind. Auch Citratblut (4 Vol Blut + 1 Vol 3,8% Natriumcitrat) kann verwendet werden.

Hydrolyse. 2 ml Plasma werden mit Wasser auf 20 ml verdünnt, mit 3 ml konz. Salzsäure versetzt und unter öfterem Umschwenken im 50 ml-Kjeldahlkolben 1 Std im siedenden Wasserbad erhitzt.

Extraktion von Neutralsteroiden. Das unter fließendem Wasser abgekühlte Hydrolysat wird mit 8 ml 10 n Natronlauge versetzt, etwa 3 min mit 20 ml Benzol gründlich geschüttelt und nach Zugabe von 20 ml Petroläther erneut durchgeschüttelt. Man trennt die untere Phase ab und wäscht die organische Lösung zweimal mit je 20 ml 1 n Natronlauge. Evtl. auftretende Emulsionen lassen sich durch Zusatz von Bradosollösung brechen.

Extraktion phenolischer Steroide. Man vereinigt Hydrolysat und Alkali-Extrakte der Neutralfraktion, neutralisiert mit 6—6,5 ml konz. Salzsäure (p$_H$ 6—7) und fügt 2 g Natriumbicarbonat hinzu, so daß ein p$_H$ von 8 $\pm$ 0,5 erreicht wird. Die gepufferte Lösung wird zweimal mit je 40 ml und einmal 20 ml Äther mindestens 3 min ausgeschüttelt. Emulsionen können folgendermaßen beseitigt werden: Man läßt die wäßrige Phase weitgehend ab, gibt etwa 0,5 ml einer 5% wäßrigen Lösung von Bradosol hinzu und schwenkt leicht um. Gegebenenfalls wiederholt man die Zugabe nach Abtrennung der wäßrigen Phase.

Reinigung des Extrakts. Die vereinigten Äther-Extrakte werden mit 20 ml ges. Natriumcarbonat-Puffer von p$_H$ 10, 10 ml 8% Natriumbicarbonat-Lösung und zweimal je 10 ml Wasser gewaschen, bevor man die Ätherlösung zur Trockne eindampft.

Lösungsmittelverteilung. Der Rückstand wird in 1 ml Äthanol gelöst und mit 20 ml Benzol in einen Scheidetrichter übergeführt. Man spült mit 20 ml Petroläther nach, extrahiert zweimal mit je 25 ml 1 n Natronlauge und neutralisiert sodann die vereinigten alkalischen Auszüge mit etwa 5 ml konz. Salzsäure. Nach Zugabe von 1 g Natriumbicarbonat wird die abgepufferte Lösung der Reihe nach mit 40, 20 und 20 ml Äther extrahiert und der Gesamtextrakt zweimal mit je 10 ml Wasser gewaschen. (Bei hohen Oestrogenkonzentrationen kann auf die Lösungsmittelverteilung bis hier verzichtet werden.) Der evtl. vorher auf 10—20 ml eingeengte Äther-Extrakt wird durch einen Trichter, dessen Rohr zu einer Capillare ausgezogen ist, in feinem Strahl in ein 10-ml-Röhrchen mit eingeschliffenem Glasstopfen gegeben, das in einem siedenden Wasserbad hängt. Die Ätherdämpfe werden abgesaugt. Man spült Gefäß und Trichter mit 5—10 ml Äther nach, entfernt das Röhrchen unverzüglich aus dem Wasserbad und saugt die letzten Ätherdämpfe ab.

Chromatographie. Der Trockenrückstand wird in 2 ml warmen Benzols gelöst und auf eine mit Tetrachlorkohlenstoff zubereitete Säule aus Aluminiumoxyd (1 g desaktiviertes, standardisiertes Aluminiumoxyd, schwach alkalisch, 4% Wasser enthaltend; Füllhöhe etwa 35 mm) gebracht. Man spült mit 2 ml Tetrachlorkohlenstoff nach, eluiert dann die Lipoide mit 10 ml Tetrachlorkohlenstoff und Cholesterin mit 10 ml Benzol (alle Lösungsmittel werden zunächst zum Nachwaschen des Verdampfungsröhrchens benutzt). Oestron wird mit 8 ml 0,4% Äthanol in Benzol, Oestradiol mit 5 ml 3% Äthanol in Benzol und Oestriol mit 8 ml 20% Äthanol in Benzol eluiert. Die genaue Lage der einzelnen Oestrogen-Banden ermittelt man im Modellversuch. Die mittlere Tropfgeschwindigkeit soll 1 Tropfen/Sekunde nicht überschreiten. Die Oestrogene enthaltenden Eluate werden mit 20 mg Hydrochinon versetzt und unter vermindertem Druck im Wasserbad zur Trockne eingedampft. Gleichzeitig bereitet man entsprechende Standardlösungen der einzelnen Oestrogene in der etwa zu erwartenden Konzentration (Duplikat!), um einen direkten Vergleich der Fluorescenzwerte zu ermöglichen.

Farbreaktion. Der Rückstand wird in 0,4 ml Wasser gelöst, mit 0,74 ml konz. Schwefelsäure unter Kühlung vermischt und 40 min im siedenden Wasserbad erhitzt, wobei das Röhrchen verschlossen sein soll. Man kühlt kurz in Wasser, stellt das Röhrchen wenigstens 3 min in Eisbrei, überschichtet mit 1,5 ml Wasser. Nach weiteren 3 min im Eisbad wird der Inhalt gemischt, 3 min gekühlt und mit 2 ml vorgekühlter Lösung von 2% p-Nitrophenol in Acetylentetrabromid (1 Vol.-% Äthanol) unterschichtet. Man kühlt erneut für

3 min, schüttelt 20 sec und zentrifugiert 4—5 min bei 3000 bis 4000 U/min. Die Oberschicht sowie an der Grenzschicht auftretende Flocken werden vorsichtig abgesaugt und die organische Lösung innerhalb von 10 min photometriert (gegebenenfalls bewahrt man die Lösung im Eisbad unter Lichtausschluß auf). Die Fluorescenzmessung erfolgt im Eppendorf-Photometer mit Primärfilter 546 mμ und Sekundärfilter OG 2, 4 mm (Schott). (Extinktionsmessungen von 0,2—10 μg Oestrogen werden in Mikroküvetten gegen Reagentienleerwert bei 510, 543 und 576 mμ durchgeführt.) Zur Fluorescenzmessung können standartisierte Rundküvetten verwendet werden.

Ergebnisse

Um die Genauigkeit der entwickelten Methode zu prüfen, wurden 0,5—1,0 μg Oestrogen bzw. Oestrogengemisch nach Zusatz von 20 bzw. 40 ml Benzol (doppelter Ansatz) mit den nach Vorschrift erhaltenen Hydrolysaten von Vollblut, Plasma oder Colostrum versetzt und weiter aufgearbeitet. Die mittlere Ausbeute der Wiederauffindungsversuche betrug bei jeweils 10 Bestimmungen 72,5 $\pm$ 5% für Oestron, 73,3 $\pm$ 6% für Oestradiol und 74,9 $\pm$ 4,5% für Oestriol.

Bei einer Anzahl von Bestimmungen wurden die drei Oestrogenfraktionen entgegen der für Routineanalysen angegebenen Vorschrift in kleinen Anteilen fraktioniert aufgefangen und auf positiv reagierende Substanzen untersucht. Die als Oestron, Oestradiol

Tabelle 2. *Oestrogenspiegel im Blut während des Cyclus*

Cyclustag	Konzentration in μg/100 ml		Oestriol
	Oestron	Oestradiol [17 β]	
3	1,4	0,8	0,4
5	0,6	0,5	0,4
8	1,7	1,1	0,5
10	1,5	0,7	0,3
11	1,5	0,9	0,7
12	1,6	1,0	1,1
13	1,0	0,9	0,5
14	0,9	0,8	0,4
15	0,6	0,6	0,4
16	0,7	0,5	0,3

oder Oestriol gemessenen, in Eluaten der Aluminiumoxydsäule enthaltenen Substanzen entsprachen in ihrem Verhalten den entsprechenden Reinsubstanzen. Als weiteres Kriterium für die Identität der einzelnen Oestrogene dienten die spektralen Eigenschaften der gewonnenen Farbstoffextrakte. Die Empfindlichkeit der Methode (0,05 µg) gestattet es, bei Verwendung einer fluorometrischen Endbestimmung selbst niedrigste Oestrogenkonzentrationen, wie sie bei Nichtschwangeren vorkommen, einwandfrei zu erfassen. Die Konzentration der einzelnen Oestrogene im peripheren Blut während des Cyclus ist in der Tabelle 2 zu sehen.

2. Bestimmung von freiem Oestron und Oestradiol in Plasma nach Svendsen [105]

Extraktion. 10 ml heparinisiertes Plasma werden dreimal mit je 15—20 ml Chloroform unter kräftigem Rühren vermischt. Nach jeweils fünfminütigem Zentrifugieren trennt man die Chloroformschicht ab, trocknet die vereinigten Extrakte über Natriumsulfat und dampft bei 50°C und vermindertem Druck unter Stickstoff bis auf etwa 0,5 ml ein. Mittels insgesamt 3—4 ml Chloroform-Methanol (1:1 v/v) wird der Rückstand quantitativ in ein Reagensglas (8—9 × 100 mm) übergeführt und die Lösung bei 40°C in einem durch Phosphorpentoxyd getrockneten Stickstoffstrom eingedampft.

Reinigung. Zu dem Rückstand gibt man 0,5 ml Äthanol, 0,5 ml Wasser und 0,5 ml Pentan, schüttelt, trennt durch Zentrifugieren und verwirft die Pentanschicht. Die Extraktion mit Pentan wird noch zweimal wiederholt, bevor man zur Trockne eindampft. Anschließend wird der Rückstand in 1 ml Tetrachlorkohlenstoff-Chloroform (5:1 v/v) gelöst und zweimal mit je 0,5 ml Wasser gewaschen. Die Oestron und Oestradiol enthaltende organische Lösung wird dann dreimal mit je 0,5 ml 1 n Natronlauge extrahiert. Zu den vereinigten alkalischen Auszügen gibt man 0,15 ml 10 n Salzsäure, extrahiert dreimal mit je 0,5 ml Chloroform (p_H-Wert prüfen!) und wäscht den Gesamtextrakt mit 0,5 ml 0,1 m Dinatriumphosphatlösung und 0,5 ml Wasser. Die Chloroformlösung wird in einem Reagensglas (6 × 75 mm) eingedampft. Man löst den Rückstand in 0,5 ml Benzol, dampft ein und wiederholt diesen Vorgang noch zweimal. Durch kurzfristiges Anlegen eines Hochvakuums bei 50°C lassen sich letzte Spuren von Feuchtigkeit entfernen.

Veresterung mit Pipsylchlorid-^{35}**S.** Der Rückstand wird in 0,025 ml 0,1 n Natronlauge, 0,025 ml Aceton und 0,025 ml Wasser aufgenommen, unter Schütteln mit 0,2 mg p-Jodbenzolsulfonylchlorid-^{35}S in 0,025 ml Aceton versetzt und evtl. an der Glaswand haftendes Material mit weiteren 0,025 ml Aceton heruntergespült.

Nach 30minütigem Schütteln gibt man je 0,2 ml einer Chloroformlösung von Oestronpipsylat-^{131}J und Oestradiolpipsylat-^{131}J mit rund 1000 I/30—60 sec hinzu, schüttelt und wäscht die Chloroformschicht zweimal mit je 0,25 ml Wasser, zweimal je 0,25 ml Methanol-Wasser (1:1 v/v) und 0,25 ml Wasser, bevor man zur Trockne eindampft.

Papierchromatographie. Der Trockenrückstand wird mittels Chloroform auf Papierstreifen Whatman Nr. 1 aufgetragen und nach einstündigem Äquilibrieren mittels eines Ventilators dann absteigend für 90—120 min im Lösungsmittelsystem I: Ligroin-Wasser (1:1 v/v) bei 37°C chromatographiert. Die Lage der Pipsylester läßt sich im geeigneten Zählgerät oder durch 12stündige Autoradiographie auf Röntgenfilm feststellen. Man eluiert die entsprechenden Abschnitte mit Chloroform-Methanol (1:4 v/v), überführt die Eluate direkt auf einen zweiten Papierstreifen und chromatographiert Oestronpipsylat im Lösungsmittelsystem II: Ligroin/Methanol-Wasser (10:1:9 v/v), Oestradiolpipsylat im Lösungsmittelsystem III: Ligroin/Methanol-Wasser (10:9:1 v/v). Es schließt sich eine dritte Papierchromatographie der Oestrogenpipsylate in den nämlichen Lösungsmittelsystemen an, wobei jedoch das Oestronpipsylat in System III, Oestradiolpipsylat dagegen in System II chromatographiert wird. Die endgültigen Eluate werden schließlich auf Planchetten übergeführt.

Messung der Radioaktivität. Die Radioaktivität der Plasmaextrakte, entsprechender Standardlösungen (aus 0,2 ml der Chloroformlösung von Oestrogenpipsylat-^{131}J und einer geeigneten Menge von Oestrogenpipsylat-^{35}S mit bekanntem Oestrogengehalt) sowie einer Planchette mit Oestrogenpipsylat-^{131}J von ausreichender Aktivität wird 2—3mal mit und ohne Aluminiumfilter gemessen. Nach Abzug des Leerwertes läßt sich das Verhältnis S/J an Hand folgender Formel errechnen:

$$\frac{S}{J} = \frac{f_J - \frac{c}{s}}{\frac{c}{s} - f_S} \qquad [141]$$

c gemessene Radioaktivität mit Filter,

s gemessene Radioaktivität ohne Filter,

f_S, f_J Anteil der den Filter passierenden Radioaktivität von ^{35}S und ^{131}J.

Das gefundene Verhältnis S/J kann an Hand der für die Standardlösungen ermittelten Quotienten S/J in absolute Oestrogenkonzentration umgerechnet werden.

Ergebnisse

In ausgedehnten Wiederauffindungsversuchen konnten von 0,004—0,070 µg Oestrogen in 10 ml Plasma 65 ± 9% zugesetzten Oestrons und 64 ± 6% zugefügten Oestradiols in den endgültigen Extrakten nachgewiesen werden. Bei Verwendung reiner Oestrogene beliefen sich die entsprechenden Werte auf 68 ± 8% Oestron und 68 ± 9% Oestradiol. Die Genauigkeit der bei Doppelbestimmungen erhaltenen Ergebnisse entsprach gleichfalls den Anforderungen an eine derartige Methode. Durch Derivatbildung und wiederholte Papierchromatographie ist die Spezifität des Verfahrens weitgehend gesichert, wie auch aus Untersuchungen von Plasma verschiedener Patienten mit Amenorrhoe hervorgeht. Die Empfindlichkeit der Methode wird mit 0,0024 µg Oestron und 0,0014 µg Oestradiol angegeben. Die Konzentration freier Oestrogene im Plasma Nichtschwangerer (ohne Angabe des Cyclustags) betrug 0,010—0,065 µg Oestron/100 ml und 0,025—0,075 µg Oestradiol/100 ml.

3. Bestimmung von Oestron, Oestradiol und Oestriol in Schwangerenplasma nach PREEDY und AITKEN [25]

Hydrolyse und Extraktion. 10 bzw. 25 ml Plasma (je nach Schwangerschaftsdauer) werden mit Wasser auf 100 ml verdünnt, mit 17,5 ml konzentrierter Salzsäure 45 min unter Rückfluß gekocht und nach Abkühlen viermal mit je 0,2 Vol Äther extrahiert. Auftretende Emulsionen lassen sich durch Zusatz von 0,5 g Bradosol vermeiden. Man wäscht den Gesamtextrakt zweimal mit je 1/15 Vol ges. Natriumbicarbonatlösung sowie einmal mit 1/30 Vol Wasser und dampft zur Trockne ein.

Extraktion der phenolischen Steroide. Der Rückstand wird mittels einmal 10 und zweimal je 5 ml 1 n Natronlauge in einen Scheidetrichter übergeführt, wobei man die Natronlauge bis auf 37°C erwärmt, und anschließend mit 20 ml Toluol ausgeschüttelt. Es folgen zwei weitere Extraktionen mit je 0,1 Vol n-Hexan. Der p_H-Wert der vereinigten alkalischen Lösungen wird mittels 6 n Schwefelsäure auf 9 ± 0,5 gebracht. Man extrahiert viermal mit je 0,25 Vol Äther, dampft die gesamten Ätherextrakte zur Trockne ein und nimmt den Rückstand unter Erwärmen auf 37°C in 1 ml Methanol auf, bevor man ihn unter zweimaligem Nachwaschen mit je 1 ml Methanol in ein Reagensglas mit Schliffstopfen (12 × 100 mm) überführt. Der im Vakuum bei erhöhter Temperatur eingedampfte Extrakt wird unter Stickstoff im Exsiccator bei 0°C aufbewahrt.

Säulenchromatographie [142]. Man löst den Trockenextrakt in 0,125 ml der equilibrierten stationären Phase (aus 72 Vol Methanol und 28 Vol Wasser, gesättigt mit mobiler Phase I aus 20 Vol Tetrachlorkohlenstoff und 80 Vol n-Hexan) unter leichtem Erwärmen auf 37°C, läßt ihn zur vollständigen Lösung 1 Std bei Zimmertemperatur stehen und bringt ihn dann auf die 10 cm hohe Säule aus Celite (250 g Celite werden mit 0,5 l konz. Salzsäure gründlich gemischt; nach 24 Std dekantiert man, wäscht mit Wasser bis die Waschflüssigkeit chloridfrei ist, und wäscht dann mit dest. Wasser, Methanol und Chloroform, trocknet bei 110°C), die mit einer Vorrichtung zum automatischen Wechsel der mobilen Phasen versehen ist. Zum Auftragen des Extraktes auf die nach MORRIS u. WILLIAMS [*142*] zubereitete Säule wird nach Entfernen überschüssiger mobiler Phase I eine etwa 3 mm hohe Schicht von trocknem Celite auf die Säule gebracht, der Plasmaextrakt hinzupipettiert und nach Einsickern erneut eine 3 mm hohe Celiteschicht eingefüllt, bevor man wieder mobile Phase I hinzufügt. Bei einer Tropfgeschwindigkeit von 2—3 ml/Std erfolgt die Elution der 75 Einzelfraktionen von je 1 ml innerhalb von rund 36 Std, wobei die Einzelfraktionen mit automatischem Fraktionssammler aufgefangen werden. An die Elution der Säule mit mobiler Phase I schließt sich eine Elution mittels mobiler Phase II an, welche automatisch aus mobiler Phase I und III (48 Vol Chloroform und 52 Vol n-Hexan) zubereitet wird und aus 15% Tetrachlorkohlenstoff, 11,2% Chloroform und 73,8% n-Hexan besteht bei einem Mischungsverhältnis der mobilen Phasen I und III von 3:1 (v/v). Im Anschluß an die Elution mit mobiler Phase III werden sämtliche Einzelfraktionen im Exsiccator bei vermindertem Druck mittels Infrarotlampe zur Trockne eingedampft.

Fluorescenzmessung. Der Rückstand jeder Einzelfraktion wird in 0,1 ml Äthanol-Benzol (1:19 v/v) unter Schütteln und dreiminütigem Erwärmen bei 37°C gelöst, mit 0,2 ml 90% Schwefelsäure 10 min im siedenden Wasserbad erhitzt und nach Abkühlen mit 1,4 ml 65% Schwefelsäure verdünnt. Man läßt die Lösung 1—2 Std bei Zimmertemperatur stehen und mißt die Fluorescenzintensität im geeigneten Fluorometer. Gleichzeitig wird ein Reagentienleerwert (aus 0,1 ml Äthanol-Benzol, 0,2 ml 90% Schwefelsäure und 1,4 ml 65% Schwefelsäure), ein Standard (aus 0,04 μg Oestron, 0,05 μg Oestradiol und 0,08 μg Oestriol) sowie ein Fluorescenzstandard (aus 0,5 mg Chininsulfat in 100 ml 1% Essigsäure) der Fluorometrie unterworfen. Man trägt die Fluorescenzintensität einer jeden Fraktion gegen die Fraktionsnummer auf. Aus der von der Grundlinie der Gaußschen Kurve gemessenen Fluorescenzintensität der Einzelpunkte des Chromatogramms kann die Oestrogenkonzentration in jeder Einzelfraktion ermittelt werden.

Ergebnisse

Wiederauffindungsversuche mit 1,1—12,2 µg Oestron/100 ml, 0,8—8,9 µg Oestradiol/100 ml und 1,3—11,9 µg Oestriol/100 ml, die vor Hydrolyse zu 10 ml Plasma zugesetzt wurden, ergaben, daß 58—85% Oestron (Mittel von elf Versuchen: 72%), 49—76% Oestradiol (Mittel von sieben Versuchen: 62%) und 53—75% Oestriol (Mittel von neun Versuchen: 64%) in den jeweiligen Fraktionen enthalten waren. Doppelbestimmungen von Harnoestrogenen mittels der angegebenen Methode ließen eine ausreichende Genauigkeit der Ergebnisse erkennen. Da bei Anwesenheit größerer Mengen von Fremdstoffen oder niedrigen Oestrogenkonzentrationen die Identität einzelner Fraktionen und ihre quantitative Auswertung auf Grund einer unzureichenden Kurve im Chromatogramm zuweilen in Frage gestellt ist, wird eine zweite Säulenchromatographie, gegebenenfalls unter Zusatz von tritiummarkierten Oestrogenen empfohlen. Derartige Versuche zeigten eine Übereinstimmung der bei Messung von Radioaktivität und Fluorescenzintensität erhaltenen Chromatogramme. Die Empfindlichkeit des Verfahrens liegt bei 0,05 µg Oestron/100 ml, 0,07 µg Oestradiol/100 ml und 0,1 µg Oestriol/100 ml.

Die Anwendung der Methode beschränkte sich bisher auf die Bestimmung der Oestrogene im Plasma Schwangerer. Im letzten Trimenon betrugen die gefundenen Werte 1,33—10,8 µg Oestron/100 ml, 0,05—1,5 µg Oestradiol/100 ml und 2,16—27,0 µg Oestriol/100 ml.

4. Bestimmung von Gesamtoestrogenen in Plasma nach OERTEL [138]

Extraktion. 5—25 ml Plasma werden mit 4 Vol abs. Äthanol versetzt, gründlich geschüttelt und über Nacht bei 0—5°C aufbewahrt. Am nächsten Morgen saugt man vom ausgefällten Eiweiß ab, dampft das Filtrat im Vakuum zur Trockne ein und nimmt den Rückstand in 15 ml Wasser auf.

Hydrolyse. Die wäßrige Lösung wird mit 1,5 ml konz. Schwefelsäure versetzt, 20 min im siedenden Wasserbad erhitzt und nach Abkühlen dreimal mit je 15 ml Äthylacetat extrahiert. Man wäscht die vereinigten Extrakte der Reihe nach mit 10 ml Wasser, 10 ml ges. Natriumcarbonatlösung und erneut zweimal mit je 10 ml Wasser, bevor man zur Trockne eindampft.

Extraktion der phenolischen Fraktion. Die im Rohextrakt enthaltenen phenolischen Steroide werden nach der von ENGEL beschriebenen Methode abgetrennt. Hierzu löst man den Trockenrückstand in 0,5 ml Äthanol und 15 ml Toluol und extrahiert viermal mit je 4 ml 1 n Natronlauge. Die vereinigten alkalischen Auszüge werden einmal mit 5 ml Hexan-Benzol (1:1 v/v) gewaschen, bevor man die wäßrige Lösung mit 25% Schwefelsäure auf p_H 6 stellt. Anschließend fügt man 5 ml ges. Natriumbicarbonatlösung hinzu, extrahiert dreimal mit je 20 ml Äther und wäscht die vereinigten Ätherextrakte mit 10 ml Wasser. Zuletzt dampft man unter Stickstoff zur Trockne ein.

Chromatographie. Der Trockenrückstand wird in 1 ml warmen Benzols gelöst und auf eine mit Benzol zubereitete Säule (Höhe: 5 cm; Durchmesser: 0,5 cm) aus Aluminiumoxyd („Woelm", Akt. Stufe 1, neutral) aufgebracht. Man wäscht zweimal mit je 1 ml Benzol nach, eluiert mit 20 ml Benzol und schließlich mit 20 ml 10% Methanol in Benzol. Zu letzterer Fraktion, welche die Gesamtoestrogene enthält, werden 0,25 ml einer 2%-Lösung von Hydrochinon in abs. Äthanol zugesetzt, bevor man unter Stickstoff zur Trockne eindampft.

Farbreaktion. Zum Trockenrückstand fügt man 0,25 ml 64% Schwefelsäure und erhitzt 40 min im siedendem Wasserbad. Während der ersten Minuten ist darauf zu achten, daß alles in Lösung geht. Anschließend wird 5 min im Eisbad gekühlt. Nun gibt man 0,35 ml Eiswasser zur schwefelsauren Lösung, mischt nach 3 min Kühlen gründlich durch und extrahiert nach erneutem Kühlen die gebildeten Kober-Chromogene mittels 0,6 ml einer 2% Lösung von rekristallisiertem p-Nitrophenol in Tetrachloräthan, indem man beide Phasen durch 30 sec Schütteln mischt und dann für 10 min bei 2000 U/min zentrifugiert. Die untere Phase wird vorsichtig in eine entsprechende Mikrocuvette übergeführt und die Absorption bei 495, 535 und 575 mμ gegen einen Reagentienleerwert gemessen. Die bei 535 mμ beobachtete maximale Absorption wird entsprechend der von ALLEN [143] und BROWN [121] eingeführten Formel korrigiert:

$$\text{Abs.}_{535\,\text{corr}} = 2 \times \text{Abs.}_{535} - \text{Abs.}_{495} - \text{Abs.}_{575}$$

Die Korrektur erscheint gerechtfertigt, da nach vorstehender Methode aufgearbeitete Extrakte von Männerplasma in der Farbreaktion zu Absorptionskurven führen, welche zwar von 495 mμ nach 575 mμ abfallen, im wesentlichen jedoch linear verlaufen. An Hand der für 1 μg Oestrogenstandard (aus 0,5 μg Oestron, 0,25 μg Oestradiol und 0,25 μg Oestriol) gefundenen, korrigierten Absorption bei 535 mμ läßt sich die im Plasmaextrakt enthaltene Konzentration an Gesamtoestrogenen ermitteln. Bei der Aufarbeitung von Plasma auftretende Verluste werden durch Wiederauffindungsversuche von 1 μg Oestrogenstandard in einer 5% wäßrigen Lösung von Albumin bestimmt, so daß eine Korrektur der gefundenen Plasmakonzentrationen möglich ist.

Ergebnisse

In Wiederauffindungsversuchen mit 0,05, 0,10 und 0,25 µg Oestron in 10 ml Wasser oder Männerplasma konnten 59—89% der zugesetzten Menge Oestrons wiedergefunden werden, bei einem Mittel von 75 ± 8%. Die korrigierte Absorption von 0,05 µg Oestron ist jedoch zu niedrig, als daß eine einwandfreie und zuverlässige Bestimmung von weniger als 0,1 µg Oestron möglich wäre. Bei zehn weiteren Wiederauffindungsversuchen mit verschiedenen Mengen von Oestron, Oestradiol und Oestriol in 10 ml 5% Albuminlösung lagen die wiedergefundenen Konzentrationen der Gesamtoestrogene nach Kompensation für Verluste zwischen 90 und 112%. Auf Grund der angegebenen Mehrfachbestimmung kann die Genauigkeit der Methode als ausreichend angesehen werden. Die Spezifität des entwickelten Verfahrens geht aus den negativen Befunden bei Untersuchung von Männerplasma hervor.

Die Konzentration von Gesamtoestrogenen im Plasma Nichtschwangerer bewegte sich zwischen 0 und 0,9 µg/100 ml.

C_{19}-Steroide

Aus peripherem menschlichem Blutplasma wurden bisher folgende C_{19}-Steroide isoliert und eindeutig identifiziert:
5-Androsten-3β-ol-17-on (Dehydroepiandrosteron) [144],
Androstan-3α-ol-17-on (Androsteron) [145],
Aetiocholan-3α-ol-17-on (Aetiocholanolon) [146],
Aetiocholan-3α,11β-diol-17-on (11β-Hydroxyaetiocholanolon) [146],
4-Androsten-17β-ol-3-on (Testosteron) [147],
4-Androsten-3, 17-dion (Androstendion) [148]
sowie die Schwefelsäureester von
Dehydroepiandrosteron [27],
Androsteron [27],
Aetiocholanolon [27],
5-Androsten-3β-ol-7,17-dion(7-Ketodehydroepiandrosteron)[28]
Des weiteren konnte im menschlichen Nebennierenvenenblut 4-Androsten-11β-ol-3,17-dion (11β-Hydroxyandrostendion [148, 149] nachgewiesen werden, während im Hodenvenenblut neben Androstendion auch Testosteron gefunden wurde [151].

Testosteron

Von den zahlreichen Methoden, die sich mit der Bestimmung von C_{19}-Steroiden in Plasma befassen, seien zunächst die Analysenverfahren für Testosteron als eigentliches androgenes Hormon erwähnt. Die von HOLLANDER u. HOLLANDER [103] entwickelte Methode beruht auf dem Zusatz geringer Mengen Testosteron-4-^{14}C zu Plasma und der Bestimmung der spezifischen Radioaktivität nach ausgedehnter Reinigung des isolierten und mit 2,4-Dinitrophenylhydrazin umgesetzten Testosterons. FINKELSTEIN et al. [152] beschrieben kürzlich eine empfindlichere Methode zur Bestimmung von Plasmatestosteron durch enzymatische Umwandlung isolierten Testosterons in Oestrogene und fluorometrische Analyse der gebildeten phenolischen Steroide. Bei dem dritten Verfahren bedient man sich einer Modifikation der von KOENIG et al. [153] entwickelten Farbreaktion für Testosteron und Androstendion zur quantitativen Erfassung isolierten Testosterons [154]. Benötigt man für eine ausreichende Bestimmung von Testosteron mit der erstgenannten Methode rund 0,1 μg Steroid/Plasmaprobe und etwa 0,2 μg Testosteron/Plasmaprobe (etwa 200 ml) bei Verwendung des dritten Verfahrens, so dürfte die Empfindlichkeit der zweiten

Methode auf Grund der fluorometrischen Endpunktbestimmung erheblich größer sein trotz höherer Verluste. Die Spezifität der drei im Nachstehenden ausführlich beschriebenen Analysenmethoden ist durch wiederholte Säulen- und Papierchromatographie umfassende Reinigung hinlänglich gesichert. Angaben über Richtigkeit und Genauigkeit sind nicht in allen Fällen vorhanden.

1. Bestimmung von Testosteron in Plasma nach HOLLANDER u. HOLLANDER [103]

Extraktion. Zu dem mit 4 Vol physiologischer Kochsalzlösung verdünnten Plasma fügt man 2 µg Testosteron-4-^{14}C (23000 I/min) und extrahiert viermal mit je 2 Vol Äther. Die vereinigten Ätherextrakte werden mit 0,1 n Natronlauge und Wasser gewaschen und unter einem Luftstrom zur Trockne eingedampft.

Entfernung von Lipoiden. Der Rückstand wird in 10 ml Petroläther gelöst, über Nacht stehen gelassen und dann dreimal mit je 1 Vol 70% Äthanol extrahiert. Bevor die äthanolischen Auszüge zur Trockne eingedampft werden, schüttelt man sie noch einmal mit 10 ml Petroläther aus. Der Trockenextrakt wird schließlich quantitativ mittels 95% Äthanol in ein 1 ml fassendes Reagensglas mit geschliffenem Glasstopfen übergeführt.

Bestimmung ketonischer Steroide [155]. Zu dem in 0,05 ml 95% Äthanol gelösten Trockenrückstand gibt man 0,02 ml einer 2,4-Dinitrophenylhydrazinlösung, die stets frisch aus 4,0 mg 2,4-Dinitrophenylhydrazin, 1,0 ml 95% Äthanol und 0,05 ml konz. Salzsäure bereitet wird. Man läßt das Reaktionsgemisch über Nacht bei Zimmertemperatur stehen, zerstört den Überschuß an 2,4-Dinitrophenylhydrazin durch Zusatz von 0,01 ml Benedicts Reagens und erhitzt für 10 min im siedenden Wasserbad. Nach Verdünnung mit 0,1 ml Wasser wird die Lösung mit 0,3 ml Toluol extrahiert. 0,25 ml des Toluolextraktes werden in ein mit Schliffstopfen versehenes Reagensglas überführt und zur Trockne eingedampft. Zur nachfolgenden Säulenchromatographie bringt man den in 0,2 ml Benzol-Petroläther (1:1 v/v) gelösten Rückstand auf eine mit Benzol-Petroläther (1:1 v/v) zubereitete Säule aus 200 mg Aluminiumoxyd „Fisher". Die Säule wird der Reihe nach eluiert mit 5 ml Benzol-Petroläther (1:1 v/v), 6 ml Benzol-Petroläther (9:1 v/v) und 10 ml Chloroform. Alle Fraktionen werden zur Trockne eingedampft, ihre Rückstände in 1 ml Toluol gelöst und ihre Absorption bei 380 mµ in einem Beckman DU Spektralphotometer gemessen. Die Radioaktivität in den einzelnen Fraktionen bestimmt man auf übliche Weise in einem Gasdurchflußzähler. Untersuchungen mit Dinitrophenylhydrazonen authentischer Verbindungen zeigten, daß die zweite Fraktion das Derivat von Androstendion, die dritte, jedoch ein Gemisch aus den Dinitrophenylhydrazonen von Testosteron und 7-Ketocholesterin enthielt.

Zweite Chromatographie. Die dritte Fraktion, welche die gesamte Radioaktivität enthält, wird an einer Säule von 400 mg Aluminiumoxyd „Woelm" (mit 5% Wasser) chromatographiert. Zur Elution verwendet man Benzol. Die einzelnen, 1 ml betragenden Fraktionen werden im Spektralphotometer auf ihre Absorption bei 380 mμ untersucht und aliquote Teile jeder Fraktion zur Bestimmung der enthaltenen Radioaktivität benutzt. Sobald die erste Verbindung (Testosteron) eluiert ist, spült man die Säule mit Chloroform und Äther durch. Die Testosteron enthaltenden Fraktionen werden vereinigt und zur Trockne eingedampft.

Bestimmung von Testosteron. Die im Plasma vorhandene Menge endogenen Testosterons läßt sich aus der spezifischen Radioaktivität des endgültigen Trockenextraktes errechnen. Verluste bei der Aufarbeitung können auf Grund der Wiederauffindung zugesetzter Radioaktivität ermittelt werden.

Ergebnisse

Die entwickelte Methode gestattet die quantitative Bestimmung von 0,1 μg Testosteron/Plasmaprobe. Da bei weiterer Reinigung gewonnener Plasmaextrakte keine wesentliche Änderung der spezifischen Radioaktivität eintrat, darf die Spezifität des Verfahrens als gesichert angesehen werden. Die im Hodenvenenblut gesunder Männer gefundene Testosteronkonzentration bewegte sich zwischen 0,4 und 1,6 μg/ml, je nach Alter der Versuchsperson.

2. Bestimmung von Testosteron in Plasma nach FINKELSTEIN et al. [152]

Extraktion. 50 ml Plasma werden viermal mit je 1 Vol Äther-Chloroform (3:1 v/v) extrahiert. Die vereinigten Extrakte wäscht man der Reihe nach mit 1 n Natronlauge, ges. Natriumbicarbonatlösung und Wasser, trocknet über Natriumsulfat und dampft zur Trockne ein.

Entfernung von Lipoiden. Der Trockenextrakt wird in 70% Methanol gelöst und über Nacht bei —15°C aufbewahrt. Nach Zentrifugieren und Dekantieren wird die überstehende Lösung mit Petroläther extrahiert.

Reinigung und Papierchromatographie. Das in der Lösung enthaltene Methanol wird durch Vakuumdestillation entfernt und die zurückbleibende, wäßrige Lösung dreimal mit je 1 Vol Benzol ausgeschüttelt. Man wäscht die vereinigten Extrakte einmal mit Wasser, trocknet über Natriumsulfat und dampft zur Trockne ein. Der Trockenrückstand wird anschließend zusammen mit Testosteronstandard einer 72stündigen Papierchromatographie in Propylenglykol/Ligroin [156] bei 27°C unterworfen.

Enzymatische Umwandlung von Testosteron in Oestrogene [157]. Der Testosteron enthaltende Abschnitt des trocknen Papierchromatogramms wird an Hand der Laufstrecke des Standards ermittelt, eluiert und mit einem Enzympräparat aus Placenta* in Gegenwart von 0,5 μM TPN**, 5 μM Glucose-6-phosphat, 0,5 Kornberg-Einheiten Glucose-6-phosphat-dehydrogenase, 50 μM Phosphatpuffer von p_H 7,2 und 0,154 m Kaliumchlorid bebrütet, wobei das Endvolumen 1,0 ml betragen soll. Nach $1^1/_2$stündiger Inkubation bei 37°C im Dubnoff Schüttelapparat unterbricht man die Reaktion durch Zusatz von 10 Vol Äthanol, zentrifugiert, dekantiert und wäscht den Rückstand mit 5 Vol Äthanol. Die vereinigten Äthanollösungen werden zur Trockne eingedampft.

Extraktion und Bestimmung der gebildeten Oestrogene. Der Trockenrückstand wird mit etwas Äthanol angefeuchtet und in 10 ml Benzol aufgenommen. Anschließend extrahiert man einmal mit 10 ml und zweimal mit je 5 ml 1 n Natronlauge, bringt den p_H-Wert der im Eisbad abgekühlten alkalischen Auszüge mit konz. Salzsäure auf etwa 8,0 und extrahiert erneut dreimal mit je 10 ml Benzol. Die Reinigung der vereinigten Benzolextrakte erfolgt durch Ausschütteln mit 3 ml 30% Schwefelsäure, Wasser, ges. Natriumbicarbonatlösung und Wasser bis zur neutralen Reaktion. Nach Trocknen des Benzolextraktes über Natriumsulfat und Eindampfen unter Stickstoff wird der Rückstand einer papierchromatographischen Reinigung im Lösungsmittelsystem Benzol-Methanol unterzogen [158]. Gleichzeitig chromatographiert man authentisches Oestron und Oestradiol. Die oestrogenhaltigen Abschnitte werden an Hand der Standards festgelegt, eluiert und die in den Eluaten enthaltenen Oestrogene fluorometrisch bestimmt [134]. Verluste während der Aufarbeitung können durch Zusatz von 0,01 μg Testosteron-4-^{14}C oder von Testosteron-^{3}H mit hoher spezifischer Aktivität zu den jeweiligen Plasmaproben ermittelt werden.

* Das nach RYAN [157] erhaltene Enzympräparat wird in 3,0 ml 0,1 m Phosphatpuffer von p_H 7,2 suspendiert. 0,5 ml der Suspension genügen für jeden Ansatz. Die Aktivität des Enzyms wird bei jedem Versuch durch Parallelinkubation von 4-^{14}C-Testosteron und radiometrische, wie fluorometrische Bestimmung gebildeten Oestradiols geprüft.
** Triphosphopyridinnucleotid.

Ergebnisse

Bei Wiederauffindungsversuchen von 0,3 µg Testosteron-4-^{14}C (9000 I/min) in 50 ml Plasma konnten nach Messung der Radioaktivität isolierter Oestrogene 50%, nach fluorometrischer Bestimmung der Oestrogene 55% des zugesetzten Testosterons in Form von Oestrogenen nachgewiesen werden. Die mit der angegebenen Methode in peripherem menschlichen Plasma festgestellten Testosteronkonzentrationen sind in der Tabelle 3 aufgeführt.

Tabelle 3. *Konzentration von Testosteron in menschlichem Plasma*

Geschlecht	Alter	Diagnose	µg Testosteron/ 100 ml Plasma
m	40	o. B.	0,1
m	35	o. B.	0,2
m	28	o. B.	0,4
w	35	o. B.	0,1
w	22	o. B.	0,1
w	27	NN-Adenom	1,3
w	71	Ovar. Hiluszellentumor	2,0

3. Bestimmung von Testosteron in Plasma nach OERTEL [*154*]

Extraktion. Das mit 0,02 µg Testosteron-4-^{14}C (rund 500 I/min) versetzte Plasma wird dreimal mit je 1 Vol Äthylacetat-Äther (1:1 v/v) extrahiert. Die vereinigten Extrakte werden mit 0,5 Vol 1 n Natronlauge und 0,5 Vol Wasser gewaschen und im Vakuum zur Trockne eingedampft.

Entfernung von Lipoiden. Man löst den Trockenrückstand in 10 ml 70% Methanol, zentrifugiert nach 15 Std bei —15°C, dekantiert und wäscht den Rückstand mit 2 ml eiskaltem 70% Methanol. Die vereinigten wäßrig-methanolischen Lösungen werden einmal mit 5 ml n-Hexan ausgeschüttelt und dann zur Trockne eingedampft.

Papierchromatographie. Der Trockenextrakt wird mittels Chloroform-Methanol (1:1 v/v) quantitativ auf einen Konzentrierungsstreifen übergeführt und Testosteron durch aufsteigende Chromatographie in Benzol-Methanol (9:1 v/v) in der Spitze angereichert [*159*]. Die Spitze des Konzentrierungsstreifens schneidet man ab und setzt sie in die entsprechenden Schnitte des mit Propylenglykol-Methanol (1:2 v/v) getränkten Papierstreifens (Whatman 1 oder Schleicher & Schüll, 2043 b, gewaschen). Nach 30stündiger, absteigender Papierchromatographie im Lösungsmittelsystem Propylenglykol/Methylcyclohexan [*156*] trocknet man das Papierchromatogramm, bestimmt die Lage von Testosteron im Streifenzähler und eluiert mit Methanol. Gleichzeitig werden aus einem Leerstreifen zwei entsprechende Papierstücke ausgeschnitten und eluiert. Alle Papiereluate werden unter Stickstoff zur Trockne eingedampft.

Für den Fall, daß keine Ausrüstung zur Messung von Testosteron-4-^{14}C auf Papierstreifen zur Verfügung steht, kann Desoxycorticosteron bei der Papierchromatographie als Standard benutzt werden. Die Festlegung des testosteronhaltigen Abschnitts erfolgt dann an Hand des R_{DOC}-Wertes eines Testosteronstandards (= 0,64), der durch die UV-Absorption der Δ^4-3-Ketogruppe in beiden Steroiden zu ermitteln ist.

Säulenchromatographie. Die Trockenrückstände der drei Papiereluate: Plasmaextrakt und zwei Papierleerextrakte werden an 0,5 g Aluminiumoxyd ,,Woelm" (neutral, Akt.Stufe 1) chromatographisch gereinigt. Nach Auftragen der Eluate mittels dreimal je 0,5 ml Benzol auf die mit Benzol zubereiteten Säulen wäscht man zunächst mit 10 ml Benzol, bevor Testosteron mit 10 ml 2% Methanol in Benzol eluiert wird. Letztere Fraktionen werden gesammelt und unter Stickstoff zur Trockne eingedampft. Zu einem der Papierleerextrakte setzt man 5,0 µg Testosteron als Standard für die nachfolgende Farbreaktion zu.

Farbreaktion. Die Trockenrückstände von Plasmaextrakt, Papierleerextrakt und Papierleerextrakt + 5,0 µg Testosteronstandard werden in 0,25 ml frisch zubereitetem Schwefelsäure-Äthanol-Reagens (1 Teil Äthanol + 3 Teile konz. Schwefelsäure) gelöst und 5 min im siedenden Wasserbad erhitzt. Man kühlt anschließend für 5 min im Eisbad, fügt 0,25 ml Thiocolreagens (5 Vol einer 10% wäßrigen Lösung von Natriumguajacolsulfonat ,,Roche" und 1 Vol 1% wäßrige Kupfersulfatlösung) hinzu, mischt gründlich und erhitzt wieder für 2 min im siedenden Wasserbad. Die Absorption (Extinktion) der Farblösung wird im Spektralphotometer bei 600, 635 und 670 mµ gegen den Papierleerextrakt gemessen. Zur Korrektur der bei 635 mµ beobachteten maximalen Absorption (Extinktion) verwendet man die folgende Formel [*121, 143*]:

$$\text{Abs.}_{635\ corr} = 2 \times \text{Abs.}_{635} - \text{Abs.}_{600} - \text{Abs.}_{670}.$$

Die im Plasmaextrakt enthaltene Testosteronkonzentration wird an Hand der korrigierten Absorption (Extinktion) des Testosteronstandards ermittelt. Verluste lassen sich durch Wiederauffindungsversuche von 2,0 µg Testosteron oder die Bestimmung der im endgültigen Extrakt enthaltenen Radioaktivität feststellen.

Ergebnisse

Mittels der beschriebenen Farbreaktion können 0,2 µg Testosteron/Plasmaprobe quantitativ erfaßt werden. Die Spezifität der Methode scheint durch Papierchromatographie gesichert. Die Wiederauffindungsrate von 0,16—1,0 µg Testosteron (z. T. als Testosteron-4-^{14}C) in 10 ml Sammelplasma bewegte sich bei 12 Versuchen zwischen 68 und 88% der zugesetzten Menge (Mittel: 79 ± 6%). Die Konzentration von Testosteron im peripheren Plasma gesunder junger Männer beträgt nach der vorliegenden Methode 0,13 bis 0,26 µg/100 ml.

17-Ketosteroide

Für eine quantitative Bestimmung von 17-KS im Plasma, seien es einzelne Steroide oder Gesamt-17-KS, stehen verschiedene Methoden zur Verfügung. Da die im peripheren Plasma anzutreffenden 17-KS praktisch nur in konjugierter Form vorkommen, schließen alle Verfahren eine Hydrolyse von Konjugaten ein. In den älteren Methoden findet man noch die herkömmliche heiße Säurehydrolyse [*3, 80, 160*], die bekanntlich leicht zur Bildung von Artefakten führt [*39*]. Bei neueren Methoden werden 17-KS durch kontinuierliche Extraktion angesäuerter Plasmaextrakte [*34, 48*], enzymatische Hydrolyse [*48, 161*] oder aber durch Solvolyse [*162, 163*] in Freiheit gesetzt. Nichtsolvolysierbare 17-KS-konjugate, wie z. B. Glucuronide oder Phosphate, können durch die konventionelle Säurehydrolyse im Anschluß an eine Solvolyse gespalten werden [*163*]. Ist die Bestimmung einzelner 17-KS erwünscht, so wendet man vorteilhaft eine papierchromatographische Methode an, die zugleich mit einer Abtrennung die notwendige Reinigung des zu bestimmenden Steroids erlaubt [*34, 164*]. Die quantitative Bestimmung von Einzelverbindungen oder Gesamt-17-KS mittels der Zimmermann-Reaktion erfordert eine weitgehende Entfernung lipoiden Materials aus Hydrolysaten, was sich durch Lösungsmittelverteilung zwischen 70% Methanol und n-Hexan oder wie bei KORNEL [*52*] beschrieben zufriedenstellend erreichen läßt.

Auch eine quantitative Plasmaanalyse verschiedener 17-KS-Sulfate ist möglich, wobei an Stelle der bewährten Säulenchromatographie an Aluminiumoxyd [*165*] eine Chromatographie an Florisil [*81*] mit nachfolgender Papierchromatographie im Lösungsmittelsystem n-Butyläther-t-Butanol/Ammoniak-Wasser (100:100:20:180 v/v) [*40*] zur Trennung benutzt wird.

Die mit den einzelnen Methoden erzielten Ergebnisse, die sich z. T. deutlich unterscheiden, hängen wohl hauptsächlich von dem eingesetzten Hydrolyseverfahren ab. Die Grenze der Empfindlichkeit ist durch die Zimmermann-Reaktion gegeben und liegt bei 1 μg 17-KS. Verwendet man zur Bestimmung von Dehydroepiandrosteron die Allen-Reaktion oder die Oertel-Eik-Nes-Reaktion, so beträgt die Empfindlichkeit rund 0,5 bzw. 0,2 μg. Angaben oder Hinweise über Richtigkeit der mit den einzelnen Verfahren zu erwartenden Ergebnisse sowie über ihre Genauigkeit werden in den meisten Fällen zu finden sein und die Auswahl der geeigneten Methode erleichtern. Eine Zusammenfassung der mit den verschiedenen Methoden erzielten Ergebnisse wird in der Tabelle 4 gegeben.

Tabelle 4.
Konzentration von 17-Ketosteroiden in peripherem, menschlichen Plasma

Methode	Literatur	μg 17-Ketosteroide in 100 ml Plasma		
		Gesamt-17-KS	Dehydroepiandrosteron	Androsteron
ZIMMERMANN	[3]	1500—1800	—	—
DUMAZERT u. VALENSI	[160]	870—970	—	—
GARDNER	[80]	25—130	—	—
MIGEON u. PLAGER	[34]	—	29—69 (40,5)	3—37 (18,0)
CLAYTON et al.	[35]	171	117	12,3
TAMM et. al.	[161]	101,1	46,9	30,1
OERTEL u. EIK-NES	[166]	—	43—81 (57,5)	—
CERESA u. CRAVETTO	[48]	57—144 (106)	—	—
SAIER et al.	[162]	19—191 (w 94,5) (m 79,0)	4—116 (w 50,5) (m 38,2)	—
HUDSON u. OERTEL	[163]	42—325 (w 126,5) (m 181,0)	20—253 (w 97,0) (m 130,6)	—
OERTEL u. KAISER	[164]	—	m 67,6—157,9 w 56,2—106,2	m 24,1—63,4 w 23,5—45,9

( ) = Mittelwert. w = weibliche Versuchspersonen, m = männliche Versuchspersonen.

1. Bestimmung von 17-Ketosteroiden neben 17-Hydroxycorticosteroiden in Plasma nach CERESA u. CRAVETTO [48]

Extraktion freier und konjugierter Steroide. 7,5 ml heparinisierten Plasmas werden langsam und unter stetem Rühren mit 5,0 ml 50% Äthanol versetzt. Anschließend gibt man tropfenweise

1,0 ml einer sauren Zinksulfatlösung (aus 20 g Zinksulfat p. A. in 50 ml 0,5 n Schwefelsäure, mit Wasser auf 1000 ml aufgefüllt) hinzu und zentrifugiert nach gründlicher Durchmischung 20 min bei 6000 U/min. Die überstehende Flüssigkeit wird in ein zweites Zentrifugenglas von 50 ml Inhalt dekantiert und mit 6,5 ml abs. Äthanol unter stetem Rühren versetzt. Nach 15 min Zentrifugieren bei 6000 U/min dekantiert man vom Niederschlag und dampft die Lösung im Vakuum unterhalb 40°C zur Trockne ein.

Extraktion freier Steroide. Der Trockenrückstand wird in 10 ml Wasser aufgenommen und im Scheidetrichter mit 25 ml Chloroform ausgeschüttelt. Nach 15 min trennt man die Chloroformschicht (= A) mit den freien Steroiden ab, überführt sie in ein 50-ml-Zentrifugenglas und zentrifugiert 5 min bei 6000 U/min. Letzte Spuren der wäßrigen Phase (=A') werden vorsichtig abgesaugt und die Chloroformlösung mit 1,5 ml 0,1 n Natronlauge 10 sec geschüttelt. Nach Zentrifugieren wird die Natronlauge abgesaugt und die Chloroformschicht durch eine dünne Schicht von Natriumsulfat filtriert. Zur Bestimmung freier 17-Hydroxycorticosteroide schüttelt man die Chloroformlösung mit 0,25 ml Phenylhydrazin-Reagens (65 mg viermal umkristallisiertes Phenylhydrazin in 150 ml einer Schwefelsäure-Äthanollösung aus 1 Vol abs. Äthanol und 2 Vol 62 % Schwefelsäure (v/v)) für 25 sec, zentrifugiert und erwärmt die abgetrennte wäßrig-alkoholische Phase für 30 min in einem 60°C warmen Wasserbad, bevor die Absorption der Porter-Silber-Chromogene im Spektralphotometer bei 370, 410 und 450 mμ gemessen wird. Die Chloroformschicht A enthält die freien 17-KS, welche wie später beschrieben, analysiert werden.

Hydrolyse und Extraktion konjugierter Steroide. Die wäßrige Lösung A' wird in einem 50-ml-Zentrifugenglas auf p_H 5 ± 0,1 gebracht und mit 1 ml „Ketodase"* (Warner-Chilcott Comp., New Jersey, N.J., USA). 48 Std bei 37°C bebrütet. Man extrahiert mit Chloroform (=B), reinigt den Chloroformextrakt wie im vorherigen Abschnitt angegeben und bestimmt die darin befindlichen 17-Hydroxycorticosteroide mittels der erläuterten Porter-Silber-Reaktion. Die in der Chloroformlösung B zurückbleibenden 17-KS können, wie im nächsten Abschnitt beschrieben, gemessen werden. Zur Hydrolyse der nach enzymatischer Hydrolyse in der wäßrigen Lösung A' verbliebenen Steroidsulfate stellt man den p_H-Wert mittels konz. Schwefelsäure auf 1 ± 0,1 und unterwirft die Lösung einer kontinuierlichen Ätherextraktion für 48 Std.

Nach erfolgter Extraktion wird die rund 100 ml betragende Ätherlösung im Scheidetrichter abgetrennt, zweimal mit je 10 ml

10% Natriumbicarbonatlösung und zweimal mit je 20 ml Wasser gewaschen und im Vakuum unterhalb 40°C zur Trockne eingedampft. Den Rückstand überführt man mit insgesamt 20 ml (7 + 7 + 6 ml) Chloroform (= C) in einen Scheidetrichter, wäscht zweimal mit je 10 ml 1,0 n Natronlauge und zweimal je 20 ml Wasser und dampft erneut zur Trockne ein. Die Chloroformlösungen A und B werden in gleicher Weise gereinigt, bevor man zur Ausführung der Farbreaktion schreitet.

Farbreaktion. Die Rückstände der Chloroformlösungen A, B und C werden in 0,1 ml abs. Äthanol gelöst und mit 0,1 ml 1% m-Dinitrobenzol in abs. Äthanol sowie 0,1 ml 2,5 n Kalilauge in abs. Äthanol (täglich frisch zubereitet!) versetzt. Nach 90 min im Wasserbad von 25°C (Lichtausschluß) fügt man 0,3 ml Wasser und 0,3 ml Chloroform hinzu, überführt in ein 12 ml fassendes Zentrifugenglas und zentrifugiert für 5 min bei 3500 U/min. Die Chloroformschicht wird mittels Mikropipette vorsichtig abgesaugt und in entsprechende Mikroküvetten übergeführt. Man mißt die Absorption der Zimmermann-Chromogene gegen den Extrakt einer entsprechenden Leerprobe (0,1 ml Äthanol, 0,1 ml der Dinitrobenzollösung und 0,1 ml alkoholische Kalilauge) bei 440, 520 und 600 mμ. Die maximale Absorption bei 520 mμ wird an Hand folgender Formel korrigiert:

$$\text{Abs.}_{520\ corr} = \text{Abs.}_{520} - \frac{\text{Abs.}_{440} + \text{Abs.}_{600}}{2}$$

Der Gehalt der verschiedenen Fraktionen an 17-KS läßt sich auf Grund der Absorption von 1 μg Androsteron ermitteln, wobei man den betreffenden Wert für die Standardabsorption einer mit verschiedenen Konzentrationen (3—24 μg Androsteron) aufgestellten Eichkurve entnimmt.

Ergebnisse

Wiederauffindungsversuche von Dehydroepiandrosteron und Dehydroepiandrosteronsulfat, welche in verschiedenen Mengen zu peripherem menschlichen Plasma zugesetzt wurden, zeigten, daß über 90% der zugesetzten Steroide in den endgültigen Extrakten enthalten waren (86—110%). Die Genauigkeit gefundener Werte ($\pm$ 10%) entspricht gleichfalls den üblichen Anforderungen, wie aus verschiedenen Mehrfachbestimmungen der Autoren hervorgeht. Die Empfindlichkeit der Methode dürfte trotz der Mikro-Zimmermann-Reaktion nur etwa 1,0 μg betragen. Die mit vorstehender Methode gemessenen Plasmakonzentrationen sulfatgebundener 17-KS bewegten sich bei 20 gesunden männlichen Versuchspersonen (im Alter von 24—34 Jahren) zwischen 57 und 144 μg/100 ml.

2. Bestimmung von 17-Ketosteroiden und Dehydroepiandrosteron sowie 17-Hydroxycorticosteroiden in Serum nach SAIER et al. [162]

Extraktion. 10 ml Serum werden dreimal mit je 15 ml Chloroform extrahiert. Die vereinigten Chloroformextrakte werden eingedampft, chromatographisch gereinigt und der Porter-Silber-Reaktion unterworfen.

Solvolyse. Die wäßrige Lösung überführt man aus dem Scheidetrichter in einen Meßzylinder, wäscht mit Wasser nach und füllt mit Wasser auf 16 ml auf. Nach Überführung in einen 125 ml fassenden Erlenmeyerkolben wird die wäßrige Lösung mit weiteren 16 ml Wasser verdünnt, bevor man den p_H-Wert mit einigen Tropfen 18 n Schwefelsäure auf 1,0 stellt. Durch Zusatz von 3,6 ml 18 n Schwefelsäure wird die Säurekonzentration der wäßrigen Plasmalösung rund 2 n. Man mischt die saure Lösung nun mit 40 ml Äthylacetat, überführt in ein 50-ml-Zentrifugenglas und zentrifugiert für 10 min. Die Äthylacetatschicht wird in einen 125-ml-Erlenmeyerkolben dekantiert und der Niederschlag viermal mit je 10 ml Äthylacetat gewaschen, wobei jedesmal 5—10 min zentrifugiert werden soll. Die vereinigten Äthylacetatauszüge brütet man für 24 Std bei 37°C.

Reinigung des Solvolysats. Die Äthylacetatlösung wird mit 1 Vol 1% Natriumbicarbonatlösung gewaschen, in einen Erlenmeyerkolben filtriert und unter einem Luftstrom zur Trockne eingedampft. Zum Rückstand gibt man 5 ml Äthylenchlorid, überführt in ein 50-ml-Zentrifugenglas mit Schliffstopfen und wäscht zweimal mit je 2,5 ml Äthylenchlorid nach. Nach Zugabe von etwa 20 Plätzchen Natriumhydroxyd wird das verschlossene Zentrifugenglas 15 min mechanisch geschüttelt [167].

Säulenchromatographie. Die Äthylenchloridlösung wird durch ein Papierfilter (Whatman 1) auf die mit 10 ml Äthylenchlorid gewaschene Säule (10 mm Durchmesser) aus 3 g Florisil gebracht. Man wäscht mit 2,5 ml Äthylenchlorid nach und eluiert mit 35 ml 2% Methanol in Chloroform. Das gesamte, etwa 47 ml betragende Eluat wird im Luftstrom zur Trockne eingedampft.

Lösungsmittelverteilung. Den Rückstand nimmt man in 3 ml 70% Äthanol auf und extrahiert dreimal mit je 3 ml Hexan. Die Hexanschicht wird jedesmal nach Zentrifugieren entfernt und verworfen. Anschließend verdünnt man die wäßrig-äthanolische Lösung mit 3 ml Wasser und extrahiert mit 6 ml gereinigtem Äthylenchlorid, indem man das Gemisch gründlich schüttelt, in ein graduiertes 15-ml-Zentrifugenglas überführt, mit 1 ml Äthylenchlorid nachspült und 10 min zentrifugiert. Nach vorsichtigem Absaugen der wäßrig-alkoholischen Oberschicht werden 2,5 ml der 7,5 ml betragenden Äthylenchloridlösung zur Bestimmung von Dehydroepiandrosteron entnommen und in einem Reagensglas zur Trockne eingedampft (= A). Die restlichen 5 ml der Äthylenchloridlösung überführt man in ein zweites Reagensglas (Evelyn colorimeter tube), wäscht mit 0,5 ml Äthylenchlorid nach und dampft gleichfalls im Luftstrom zur Trockne ein (= B).

Farbreaktionen. a) *Dehydroepiandrosteron* [168]. Man löst den Rückstand von A in 0,2 ml Schwefelsäure-Äthanolreagens (9 ml abs. Äthanol werden mit 1 ml Wasser und anschließend im Eisbad tropfenweise mit 40 ml konz. Schwefelsäure versetzt), erwärmt 12 min bei 55°C und kühlt die Reaktionslösung in kaltem Wasser. Anschließend wird mit 0,3 ml 95% Äthanol verdünnt, erneut abgekühlt und sodann bei 560, 600 und 640 mμ photometriert. Die maximale Absorption bei 600 mμ wird in üblicher Weise korrigiert:

$$\text{Abs.}_{600\text{ corr}} = 2 \times \text{Abs.}_{600} - \text{Abs.}_{560} - \text{Abs.}_{640}.$$

Den Gehalt der Lösung an Dehydroepiandrosteron entnimmt man einer gleichzeitig aufgestellten Eichkurve.

b) *Gesamt-17-ketosteroide.* Der Trockenrückstand von B sowie 10 μg Dehydroepiandrosteronstandard werden in 0,2 ml abs. Äthanol gelöst, mit 0,2 ml 2,5 n Kalilauge in abs. Äthanol und 0,2 ml 1% m-Dinitrobenzol in abs. Äthanol versetzt, gründlich gemischt und 90 min bei 25°C im Dunkeln bebrütet. Man fügt 0,6 ml Wasser und 0,6 ml Chloroform hinzu, schüttelt, zentrifugiert 10 min bei hoher Geschwindigkeit und entfernt die wäßrige Schicht mittels einer Capillarpipette. Die Absorption der Chloroformschicht wird im Beckman-DU-Spektralphotometer bei 440, 520 und 600 mμ gegen Chloroform gemessen. Zur Korrektur der maximalen Absorption benutze man folgende Formel:

$$\text{Abs.}_{520\text{ corr}} = 2 \times \text{Abs.}_{520} - \text{Abs.}_{440} - \text{Abs.}_{600}.$$

Die Konzentration vorhandener 17-KS wird an Hand einer entsprechenden Eichkurve ermittelt. Zur Feststellung des Methodenleerwertes werden mit jeder Plasmabestimmung 10 ml Wasser wie beschrieben aufgearbeitet.

Ergebnisse

Von 15 μg Dehydroepiandrosteron oder Androsteron, welche im Anschluß an die Solvolyse zu Plasmaextrakten zugesetzt wurden, konnten 61—86% (Mittel: 75%) wiedergefunden werden. Bei Doppelbestimmungen betrug die maximale Abweichung der beobachteten Werte 7,1% für Gesamt-17-KS und 15,4% für Dehydroepiandrosteron. Die Empfindlichkeit der Methode dürfte bei 1 μg für 17-KS und etwa 0,5 μg für Dehydroepiandrosteron liegen.

Im Plasma gesunder männlicher Versuchspersonen im Alter von 25—50 Jahren fanden sich 17-KS-Konzentrationen zwischen 19,9 und 122 μg/100 ml (Mittel: 79,0 ± 31,3) und zwischen 15,0 und 101,0 μg Dehydroepiandrosteron (Mittel: 38,2 ± 26,4). Bei gesunden Frauen im Alter von 22—30 Jahren betrugen die entsprechenden Plasmawerte 22,6—191 μg Gesamt-17-KS/100 ml (Mittel: 94,5 ± 49,8) und 3,0—116,0 μg Dehydroepiandrosteron/100 ml (Mittel: 50,5 ± 37,9). Außer Plasmaanalysen bei gesunden Männern und Frauen wurden auch Bestimmungen im Plasma verschiedener pathologischer Fälle durchgeführt.

3. Bestimmung von 17-Ketosteroiden und Dehydroepiandrosteron in Plasma nach HUDSON u. OERTEL [163]

Extraktion und Reinigung der Extrakte. 10 ml Plasma werden mit 20 ml abs. Methanol (mit 2,4-Dinitrophenylhydrazin behandelt und zweimal im Vakuum destilliert) und 30 ml Tetrachlorkohlenstoff gründlich geschüttelt. Man zentrifugiert 15—20 min bei 1500 bis 2000 U/min, überführt die 20 ml der über einer festen Schicht aus Protein befindlichen Methanollösung in ein 80-ml-Zentrifugenglas und stellt den p_H-Wert der Lösung durch Zugabe von 5 ml 2,5 m Acetatpuffer (aus 70 ml abs. Methanol, 29,2 ml 2,5 m Essigsäure und 0,8 ml 2,5 m Natriumacetatlösung) auf 4—5. Anschließend wird mit 1 Vol Petroläther extrahiert. Zur wäßrig-methanolischen Lösung gibt man 0,5 ml 40% Bariumacetatlösung und 0,4 Vol abs. Äthanol, zentrifugiert nach einer Stunde bei 5°C und dekantiert vom Niederschlag. In der Lösung enthaltenes Methanol und Äthanol werden im Luftstrom bei 45—50°C abgedampft. Die zurückbleibenden 8 ml einer wäßrigen Lösung werden mit 0,9 ml 50% Schwefelsäure versetzt, um überschüssige Bariumionen zu entfernen. Man zentrifugiert, dekantiert und wäscht den Niederschlag mit 5 ml 5% Schwefelsäure.

Solvolyse und Säurehydrolyse. Die vereinigten Schwefelsäurelösungen, deren p_H unter 1 liegen soll, werden zweimal mit je 1 Vol Äthylacetat (über wasserfreiem Kaliumcarbonat destilliert) extrahiert. Zur Solvolyse der Steroidsulfate bebrütet man die nach Zentrifugieren erhaltenen und vereinigten Äthylacetatauszüge 15—18 Std (über Nacht) bei 38—40°C. Die zurückbleibende wäßrige Lösung wird zur Spaltung nicht-solvolysierbarer Konjugate 20 min im siedenden Wasserbad erhitzt, nach Abkühlen mit 1 Vol

Äthylacetat ausgeschüttelt und der Extrakt mit dem Solvolysat vereinigt. Man wäscht einmal mit 7—8 ml 5 n Natronlauge und zweimal je 5 ml Wasser, dampft unter Stickstoff zur Trockne ein und nimmt den Rückstand in 10 ml Wasser auf. Es folgt eine Extraktion mit 40 ml Methylenchlorid (10—12 Liter Methylenchlorid werden an einer Silicagelsäule chromatographiert, im Tiefkühlschrank aufbewahrt und vor Gebrauch über wasserfreiem Kaliumcarbonat destilliert). Der Extrakt wird je einmal mit 2 ml 0,1 n Natronlauge und 5 ml Wasser gewaschen, wobei die wäßrigen Lösungen jedesmal nach Zentrifugieren zu entfernen sind. Ein Viertel der endgültigen Methylenchloridlösung (10 ml) dampft man zur Bestimmung von Dehydroepiandrosteron (= A), 30 ml aber zur Analyse der Gesamt-17-KS (= B) unter Stickstoff zur Trockne ein.

Farbreaktionen. Zur Gewinnung der für die Farbreaktionen benötigten Leerextrakte und Standards werden gleichzeitig mit den Plasmaproben 10 ml Wasser sowie 10 ml Wasser + 20 μg Natriumhydroepiandrosteronsulfat der Vorschrift entsprechend aufgearbeitet.

a) *Dehydroepiandrosteron.* Je nach der erwarteten Dehydroepiandrosteronkonzentration löst man den Rückstand von A in 0,5—1,0 ml frisch bereitetem Schwefelsäure-Äthanolreagens (1 Vol abs. Äthanol und 2 Vol konz. Schwefelsäure), schüttelt gründlich und mißt die Absorption nach 5 min bei Zimmertemperatur im Spektralphotometer bei 380, 405 und 430 mμ. Die maximale Absorption bei 405 mμ wird mittels folgender Formel korrigiert:

$$\text{Abs.}_{405 \text{ corr}} = 2 \times \text{Abs.}_{405} - \text{Abs.}_{380} - \text{Abs.}_{430}.$$

Die Absorptionskurve eines Extraktes aus Wasser oder einer 5% wäßrigen Lösung von Albumin verläuft zwischen 380 und 430 mμ praktisch gradlinig. Die Konzentration an vorhandenem Dehydroepiandrosteron läßt sich an Hand der korrigierten Extinktion des Standards ausrechnen.

b) *Gesamt-17-Ketosteroide.* Der Trockenrückstand der Lösung B wird in 0,2 ml 1% m-Dinitrobenzol in abs. Äthanol gelöst, mit 0,1 ml 2,5 n alkoholischer Kalilauge versetzt und 3 Std im Eisbad unter Lichtausschluß bebrütet. Anschließend verdünnt man mit 0,3 ml 85% Äthanol und photometriert bei 450, 520 und 590 mμ. Da die Absorptionskurve des Methodenleerwerts oder eines Extraktes aus 5% wäßriger Albuminlösung in diesem Bereich linear verläuft, erscheint die nachfolgende Korrekturformel gerechtfertigt:

$$\text{Abs.}_{520 \text{ corr}} = 2 \times \text{Abs.}_{520} - \text{Abs.}_{450} - \text{Abs.}_{590}.$$

Der Gehalt an Gesamt-17-KS wird mittels der korrigierten Absorption des Standards errechnet.

Ergebnisse

In 61 Wiederauffindungsversuchen von 12,5—50 μg Na-Dehydroepiandrosteronsulfat oder Na-Androsteronsulfat in 10 ml Wasser oder Plasma betrug die wiedergefundene Menge zugesetzten Steroids im Durchschnitt 70—74%, je nach extrahiertem Medium und eingesetztem 17-KS-Konjugat. Mehrfachbestimmungen fünf verschiedener Sammelplasmen zeigten, daß die Standardabweichung der Einzelbestimmung bei Zimmermann-Chromogenen $\pm 7{,}1$ μg/100 ml und bei Dehydroepiandrosteron $\pm 7{,}3$ μg/100 ml ausmachte. Die Empfindlichkeit der Methode liegt bei 1 μg Gesamt-17-KS und etwa 0,25 μg Dehydroepiandrosteron (0,5 ml Reagens) pro Plasmaprobe. Die Spezifität des Verfahrens wurde durch papierchromatographische Analyse des extrahierten Materials näher untersucht. Der Gesamtbetrag der nach papierchromatographischer Trennung bestimmten Einzelfraktionen: Dehydroepiandrosteron, Androsteron, Aetiocholanolon und „11 β-Hydroxyaetiocholanolon" entsprach ungefähr dem mit vorstehender Methode erhaltenen Wert für Gesamt-17-KS. Da die Oertel-Eik-Nes-Reaktion als spezifisch für eine Δ^5-3 β-Hydroxy-Konfiguration angesehen werden darf, werden bei der Bestimmung von Dehydroepiandrosteron höchstens noch 5-Pregnen-3 β-ol-20-on (Pregnenolon), 5-Pregnen-3 β,17 α-diol-20-on (17 α-Hydroxypregnenolon) und deren Metaboliten miterfaßt. Die Plasmaspiegel von Pregnenolon und 17 α-Hydroxypregnenolon sind jedoch so niedrig [*169, 170*], daß ihr Beitrag bei dieser Farbreaktion kaum ins Gewicht fallen sollte.

Im Plasma von 26 gesunden Männern im Alter zwischen 20 und 73 Jahren fanden sich 43—325 μg Gesamt-17-KS/100 ml (Mittel: 181 μg/100 ml) und 20—253 μg Dehydroepiandrosteron/100 ml (Mittel: 130 μg/100 ml). Entsprechende Plasmaanalysen bei Frauen im Alter von 19—75 Jahren (18 Bestimmungen) brachten folgende Ergebnisse: 42—293 μg Gesamt-17-KS/100 ml (Mittel: 126 μg/ 100 ml) und 26—197 μg Dehydroepiandrosteron/100 ml (Mittel: 97 μg/100 ml).

4. Bestimmung von Dehydroepiandrosteron, Androsteron, Aetiocholanolon und „11 β-Hydroxyaetiocholanolon" in Plasma nach OERTEL u. KAISER [*164*]

Extraktion. Man schüttelt 10—20 ml heparinisiertes Plasma gründlich mit 5 Vol Äthanol-Aceton (1:1 v/v), zentrifugiert oder filtriert vom ausgefällten Protein ab und dampft die überstehende Lösung bzw. das Filtrat im Vakuum bei 40—50°C zur Trockne ein.

Entfernung von Lipoiden. Der Rückstand wird in 20 ml 70% Methanol aufgenommen, nach 15 Std bei —15°C für 10 min bei 3000 U/min zentrifugiert und der Überstand dekantiert. Man wäscht den Rückstand mit 5 ml eiskaltem 70% Methanol, zentrifugiert und dekantiert. Die vereinigten methanolischen Extrakte werden bis auf 5—7 ml unter Stickstoff eingedampft.

Solvolyse und Hydrolyse. Die wäßrige Lösung wird mit Wasser auf 10 ml aufgefüllt, mit 0,1 ml konz. Schwefelsäure versetzt und nach Zugabe von 2 g Natriumchlorid zweimal mit je 15 ml Äthylacetat extrahiert. Die vereinigten Extrakte inkubiert man für 15 Std bei 37°C, wäscht mit 5 ml 5 n Natronlauge und fügt den alkalischen Auszug zur wäßrig-sauren Lösung. Nach Zusatz von 2,0 ml konz. Schwefelsäure wird diese 20 min im siedenden Wasserbad erhitzt und anschließend zweimal mit je 15 ml Äthylacetat extrahiert. Die Äthylacetatlösungen von Solvolysat und Hydrolysat werden vereinigt, einmal mit 5 ml 5 n Natronlauge und zweimal mit je 20 ml Wasser gewaschen und unter Stickstoff bei 40—50° C zur Trockne eingedampft. Für den Fall, daß eine indirekte Bestimmung von Steroidsulfaten und andersartigen 17-KS-Conjugaten gewünscht wird, arbeitet man Solvolysat und Hydrolyseextrakt getrennt auf.

Papierchromatographie. Der Trockenrückstand wird mittels Chloroform-Methanol (1:1 v/v) quantitativ auf einen Konzentrierungsstreifen überführt [159]. Durch aufsteigende Chromatographie mit Benzol-Methanol (9:1 v/v) werden Steroide sowie 50 μg Testosteronstandard in der Spitze des Konzentrierungsstreifens gesammelt. Man schneidet die Spitze ab, setzt sie in entsprechende Einschnitte des mit Propylenglykol-Methanol (1:1,25 v/v) imprägnierten Papierstreifens (Whatmann 1 oder Schleicher & Schüll 2043b, gewaschen) und chromatographiert absteigend für 18 Std im Lösungsmittelsystem Propylenglykol/Methylcyclohexan [156]. Die Dehydroepiandrosteron, Aetiocholanolon, Androsteron und ,,11β-Hydroxyaetiocholanolon" enthaltenden Abschnitte des getrockneten Papierchromatogramms werden an Hand der R_T-Werte (relative Wanderungsgeschwindigkeit, bezogen auf Testosteron=1) entsprechender Reinsubstanzen auf einem Standardstreifen (Dehydroepiandrosteron:1,85, Androsteron:3,30, Aetiocholanolon: 2,25 und ,,11β-Hydroxyaetiocholanolon":0,17) festgelegt und mit Methanol eluiert. Gleichzeitig eluiert man entsprechende Abschnitte eines Leerstreifens und gibt zu dem jeweiligen Eluat 10 μg der Reinverbindung als Standard für die Farbreaktion. Alle Eluate werden unter Stickstoff zur Trockne eingedampft.

Farbreaktion. Trockenrückstände der Plasmafraktionen, der Papierleerextrakte + Standard sowie eines Papierleerextraktes werden in 0,2 ml 1% m-Dinitrobenzol in abs. Äthanol gelöst, mit 0,1 ml 2,5 n Kalilauge in 90% Äthanol versetzt und 60 min bei 25° C unter Lichtausschluß bebrütet. Anschließend gibt man 0,5 ml Wasser hinzu und extrahiert mit 1,0 ml Äther. Die Absorption des Ätherextraktes wird bei 450, 510 und 570 mμ im Spektralphotometer gegen den Papierleerextrakt gemessen. Die Korrektur erfolgt nach der Formel:

$$\text{Abs.}_{510\ corr} = 2 \times \text{Abs.}_{510} - \text{Abs.}_{450} - \text{Abs.}_{570}.$$

An Hand der korrigierten Absorption jeweiliger Standards läßt sich der Gehalt der einzelnen Fraktionen an entsprechendem 17-KS feststellen.

Ergebnisse

Wiederauffindungsversuche verschiedener Mengen von Na-Dehydroepiandrosteronsulfat, Na-Androsteronsulfat, Aetiocholanolon und 11 β-Hydroxyaetiocholanolon aus 10 ml einer 5% Albuminlösung zeigten, daß die Richtigkeit der Ergebnisse zwischen 61% für 11 β-Hydroxyaetiocholanolon und 72% für Androsteron lag. Die Standardabweichung der Einzelbestimmung schwankte dabei zwischen 8 und 11%. Was die Empfindlichkeit des Verfahrens angeht, ist 1 μg jedes 17-KS pro Plasmaprobe für eine ausreichend genaue Bestimmung erforderlich. Um die Spezifität der Methode zu prüfen, wurden bei Wiederauffindungsversuchen aliquote Teile der Endextrakte an Aluminiumoxydsäulen chromatographisch gereinigt und die Schwefelsäureabsorptionsspektren der einzelnen Fraktionen mit den Spektren authentischen Materials verglichen, welches in gleicher Weise behandelt worden war. Auf Grund der Übereinstimmung erhaltener Spektren darf angenommen werden, daß Verunreinigungen durch andere 17-Ketosteroide, insbesondere in der „11 β-Hydroxyaetiocholanolon"-Fraktion, nur unwesentlich sein können. Zudem ergaben frühere Untersuchungen, daß die Summe der Einzelfraktionen der mit anderer Methodik ermittelten Gesamtmenge an 17-KS weitgehend entspricht. Bei den im Plasma zu vermutenden, bisher noch nicht isolierten und identifizierten 17-KS kann es sich demnach nur um geringe Mengen handeln.

Normalkonzentrationen der einzelnen 17-KS im Plasma 24—30-jähriger Männer (sechs Untersuchungen) bewegten sich zwischen 67,6 und 157,9 μg Dehydroepiandrosteron, 24,1 und 63,4 μg Androsteron, 7,8 und 41,2 μg Aetiocholanolon und 8,2 und 27,3 μg „11 β-Hydroxyaetiocholanolon" pro 100 ml Plasma. Entsprechende Konzentrationen im Plasma sechs gesunder Frauen im Alter von

20—41 Jahren beliefen sich auf 44,4—106,2 µg Dehydroepiandrosteron, 23,5—45,9 µg Androsteron, 16,7—34,4 µg Aetiocholanolon und 9,6—20,8 µg ,,11 β-Hydroxyaetiocholanolon".
Eine ausreichende Trennung und Reinigung der sog. ,,11 β-Hydroxyaetiocholanolon"-Fraktion von möglicherweise darin enthaltenem 11 β-Hydroxyandrosteron, sowie anderen 11-oxygenierten 17-KS kann durch eine zweite, 48stündige Papierchromatographie des polaren Materials im Lösungsmittelsystem Propylenglykol/ Methylcyclohexan erzielt werden.

5. Bestimmung von Dehydroepiandrosteronsulfat und Androsteronsulfat in Plasma nach CONRAD et al. [81]

Extraktion. Alle Plasmaanalysen werden in Form von Dreifachbestimmungen durchgeführt. 10—15 ml Plasma werden mit 45 ml abs. Äthanol geschüttelt und 10—15 min in ein Eisbad gestellt. Man saugt vom ausgefällten Protein ab unter Verwendung von 2 Whatman-1-Rundfiltern, wäscht dreimal mit je 10 ml abs. Äthanol nach und dampft das in einen 1-l-Rundkolben quantitativ übergeführte Filtrat fast bis zur Trockne ein (Rotationsverdampfer FE-2 der Lab. Glass & Instr. Comp.). Der 1—2 Tropfen betragende Rückstand wird in 15 ml sek. Butanol aufgenommen und in einen 300-ml-Rundkolben überführt. Man spült dreimal mit je 5 ml sek. Butanol nach, dampft das Lösungsmittel im Rotationsverdampfer ab und überführt den Rückstand mit abs. Äthanol in ein Reagensglas. Nach viermaligem Waschen des Rundkolbens mit abs. Äthanol wird der Gesamtextrakt im Reagensglas bei 45—50° C im Luftstrom zur Trockne eingedampft.

Säulenchromatographie. Der Rohextrakt wird auf eine mit Benzol zubereitete Säule aus 4,5 g aktiviertem Florisil (Höhe: 11cm, Durchmesser: 1 cm) mittels dreimal 5 Tropfen Äthanol-Benzol (2:3 v/v) aufgebracht. Man wäscht dreimal mit Benzol nach und eluiert der Reihe nach mit:

20 ml Benzol
10 ml Benzol-Äthylacetat (1:1 v/v)
10 ml Äthylacetat
25 ml Äthylacetat-Äthanol (9:1 v/v) ⎫
25 ml Äthylacetat-Äthanol (1:9 v/v) ⎬ = Fraktion II
20 ml Äthanol
10 ml Äthanol-Wasser (9:1 v/v) ⎫
10 ml Äthanol-Wasser (1:1 v/v) ⎬ = Fraktion III
10 ml Äthanol-Wasser (1:9 v/v) ⎭
20 ml Wasser

Fraktion II und III, welche Steroidsulfate bzw. Steroidglucuronoside enthalten, werden im Vakuum zur Trockne eingedampft und die Rückstände fünfmal mit je 1 ml Äthylacetat-Methanol (2:1 v/v) in Reagensgläser übergeführt.

Papierchromatographie. Plasmaextrakt und entsprechende Standards werden auf Whatman Nr. 2 im Lösungsmittelsystem n-Butyläther-t-Butanol/Ammoniak-Wasser (100:100:20:180 v/v) papierchromatographisch getrennt. Hierzu trägt man die Plasmaextrakte sowie Gemische von Na-Dehydroepiandrosteronsulfat und Na-Androsteronsulfat verschiedener Konzentrationen, gleichfalls in Triplikat, mittels dreimal je 4 Tropfen Äthylacetat-Methanol (2:1 v/v) auf, konzentriert die Verbindungen an der Startlinie, wie bei BUSH [*87*] beschrieben, unter Verwendung des gleichen Lösungsmittelgemische und entwickelt absteigend für 18—24 Std nach dreistündiger Equilibrierung.

Quantitative Bestimmung [*171, 172*]. Um eine reproduzierbare, quantitative Bestimmung der Conjugate zu gewährleisten, müssen alle Schritte standardisiert werden. Insbesondere ist auf genaue Einhaltung der angegebenen Trocken- und Farbentwicklungszeiten zu achten. Die Luftfeuchtigkeit sollte 40% nicht übersteigen.

14 ml einer 2% Lösung von m-Dinitrobenzol in abs. Äthanol und 7 ml 3 n äthanolische Kalilauge (man löst Kaliumhydroxydplätzchen in abs. Äthanol, saugt durch eine Glasfritte und stellt kurz vor Gebrauch mit Salzsäure auf 3 n) werden gemischt und in eine Schale mit Porzellanrolle gegeben. Jeder Streifen wird zweimal über die Porzellanrolle gezogen, in horizontaler Lage über einem Ventilator für 90 sec getrocknet und im Trockenofen für 3 min bei 45° C erwärmt. Dann legt man jeden Streifen zwischen zwei gleichermaßen behandelte, größere Leerstreifen und mißt nach 1 Std die Absorption der Farbflecke im Spinco RB Analytrol-Photometer mit 550 mμ-Interferenzfiltern. An Hand einer mit 20, 40, 60 und 100 μg Na-Dehydroepiandrosteronsulfat und mit 5, 10, 15 und 25 μg Na-Androsteronsulfat — jeweils in Triplikat — angelegten Eichkurve läßt sich die im Plasmaextrakt vorhandene Menge an Steroidsulfaten feststellen.

Ergebnisse

Bei Wiederauffindungsversuchen von 20—80 μg Na-Dehydroepiandrosteronsulfat und 15—20 μg Na-Androsteronsulfat, welche zu Plasma zugesetzt wurden, konnten 84—100% zugesetzter 17-KS-Conjugate auf den Papierstreifen nachgewiesen werden. Die Spezifität der Methode wurde mittels Hydrolyse und Identifizierung freigesetzten Dehydroepiandrosterons und Androsterons geprüft.

Die im Plasma gesunder Männer im Alter von 20—40 Jahren gefundenen Konzentrationen lagen zwischen 155 und 298 µg Na-Dehydroepiandrosteronsulfat/100 ml und 29 und 92 µg Na-Androsteronsulfat/100 ml. Entsprechende Werte im Plasma von vier Frauen betrugen 85—166 µg Na-Dehydroepiandrosteronsulfat und 15—45 µg Na-Androsteronsulfat pro 100 ml.

C_{21}-Steroide

Aus peripherem menschlichem Blutplasma ließen sich bisher nachstehende C_{21}-Steroide mittels organischer Lösungsmittel extrahieren und ausreichend identifizieren:

4-Pregnen-11 β, 17 α, 21-triol-3,20-dion (Cortisol) [173],
4-Pregnen-11 β, 21-diol-3,20-dion (Corticosteron) [102, 174],
4-Pregnen-11 β, 21-diol-3,20-dion-18-al (Aldosteron) [85],
4-Pregnen-3,20-dion (Progesteron) [94],
5-Pregnen-3 β-ol-20-on (Pregnenolon) [169],
4-Pregnen-17 α-ol-3,20-dion (17 α-Hydroxyprogesteron) [169],
5-Pregnen-3 β, 17 α-diol-20-on (17 α-Hydroxypregnenolon) [170].

Neben diesen ,,freien" C_{21}-Steroiden konnten im Anschluß an eine enzymatische Hydrolyse von Plasmaextrakten mittels β-Glucuronidase fünf weitere C_{21}-Steroide isoliert werden:

Pregnan-3α, 11β, 17α, 21-tetrol-20-on (Tetrahydrocortisol) [175],
Pregnan-3α, 17α, 21-triol-11, 20-dion (Tetrahydrocortison) [175],
Pregnan-3α, 17α, 21-triol-20-on (Tetrahydro-11-desoxycortisol) [176],
Pregnan-3α, 21-diol-11, 20-dion (Tetrahydro-11-dehydrocorticosteron) [177],
Pregnan-3α, 20 α-diol (Pregnandiol) [178].

Da im Harn außer C_{21}-Steroidglucuronosiden auch C_{21}-Steroidsulfate gefunden wurden [179], ist ein Vorkommen derartiger Conjugate im Plasma zu erwarten. Desgleichen deuten vorläufige Untersuchungsergebnisse [148, 173, 180] auf das Vorhandensein bislang nicht-identifizierter C_{21}-Steroide in peripherem Plasma oder im Nebennierenvenenblut.

Progesteron

Von der großen Zahl der Methoden zur Bestimmung von C_{21}-Steroiden in Plasma seien zunächst diejenigen angeführt, die sich mit dem Nachweis und der quantitativen Erfassung von Progesteron als dem gestagenen Horman beschäftigen [23, 94, 181 bis 185]. Nach den bisherigen Erfahrungen liegt Progesteron im Plasma als ,,freies" Steroid vor und kann mit üblichen, organischen Lösungsmitteln extrahiert werden. Zur Entfernung mitextrahierter Lipoide bewährt sich das Ausfrieren solcher Substanzen in 70% Methanol [63, 94]. Die Abtrennung von Progesteron aus dem Gemisch der Plasma-C_{21}-Steroide erfolgt vorteilhaft durch Papierchromatographie [94, 184, 185], die im Verein mit den zur quan-

40 C₂₁-Steroide

titativen Erfassung eingesetzten Verfahren eine gewisse Spezifität gewährleistet. An Stelle der papierchromatographischen Reinigung und Trennung ist auch eine Säulenchromatographie brauchbar [23]. Bei der quantitativen Bestimmung von Progesteron im endgültigen Plasmaextrakt bedient man sich zumeist der UV-Absorption bei 240 mμ, welche für die Δ^4-3-Keto-Konfiguration charakteristisch

Tabelle 5. *Wiederauffindungsversuche von Progesteron in 20 ml Plasma, durchgeführt in vier verschiedenen Laboratorien*

Zugesetzt*: μg/100 ml	Wiedergefunden: μg/100 ml Methode			
	1 [94]	2 [23]	3 [184]	4 [185]
8,4	8,4		8,6	7,4 / 7,2
5,0	3,9		5,0	5,0 / 3,6
0	0		1	0 / 1—2
25,0	25,6		28,0	25,0 / 23,7
25,0	25,6		26,9	25,2 / 24,3
7,5		8,0	8,5	—
7,5		8,5	8,6	21,3?
12,5		10,0	15,8	14,8
21,75		15,0	21,0	19,8
0**		13,7	15,8	15,4

* Zugesetzt von Prof. Dr. L. T. SAMUELS, Salt Lake City, Utah, USA, zu Sammelplasma gesunder männlicher Versuchspersonen.
** Schwangerenplasma.

ist. Löst man dagegen den progesteronhaltigen Extrakt in Schwefelsäure-Äthanolreagens [185], so bildet sich ein Chromogen mit ausgeprägtem Absorptionsmaximum bei 290 mμ, welches gleichfalls die Δ^4-3-Keto-Gruppe anzeigt.

Während der molare Extinktionskoeffizient von Progesteron bei 240 mμ rund 17000 beträgt [186, 187], besitzt das Thiosemicarbazon des Progesterons bei 301 mμ einen molaren Extinktionskoeffizienten von 36700, das Isonicotinsäurehydrazon bei 380 mμ einen solchen von 11700 [23, 188]. Die Anwendung derartiger Derivate ist in Anbetracht der bei höheren Wellenlängen liegenden, und daher weniger von Fremdstoffen beeinflußten Absorptionsmaxima sowie der teilweise größere Extinktionskoeffizienten von Vorteil für die quantitative Auswertung. Demgegenüber bleibt die polarographische Bestimmung von Progesteron [63] auf Grund ihrer unzureichenden Empfindlichkeit ohne Bedeutung. Was die Brauchbarkeit der verschiedenen, später erörterten Methoden angeht, so brachte ein Vergleich unter internationaler Kontrolle die in der Tabelle 5 enthaltenen Ergebnisse. Die mit verschiedenen Methoden erhaltenen Plasmakonzentrationen sind in Tabelle 6 zusammengefaßt.

Tabelle 6. *Konzentration von Progesteron in peripherem menschlichen Plasma*

Methode	Literatur	μg/100 ml Schwangerenplasma	Normalplasma
ZANDER u. SIMMER	[94]	3,9—26,8 (1.—3. Trimenon) (14,2)	
SHORT	[184]	6,2—21,9 (1.—3. Trimenon)	
SOMMERVILLE and DESHPANDE	[23]	7—13 (3. Trimenon)	
OERTEL et al.	[185]	9,8—16,8 (1.—3. Trimenon)	2,5—5,0

( ) = Mittelwert

1. Bestimmung von Progesteron in Plasma nach ZANDER u. SIMMER [94]

Extraktion. Zunächst zentrifugiert man das mit Natriumcitrat- (3,8%) oder Natriumoxalat-(1%)Lösung im Verhältnis 1 : 10 ungerinnbar gemachte Blut, pipettiert das Plasma ab und gibt es tropfenweise unter ständigem Rühren in 5 Vol Äthanol-Äther (3 : 1 v/v). Nach 10 min weiteren Rührens wird 10 min bei 2000 bis 3000 U/min zentrifugiert, dekantiert und der Rückstand zweimal mit je 2,5 Vol Äthanol-Äther gewaschen und zentrifugiert. Man engt die vereinigten Plasmaextrakte im Vakuum auf etwa 3—5 ml ein, verdünnt mit 40 ml Wasser und extrahiert dreimal mit je 60 ml Äthylacetat. Die vereinigten Extrakte werden dann über Natriumsulfat getrocknet und im Vakuum unterhalb 50°C zur Trockne eingedampft.

Entfernung von Lipoiden. Den Rückstand löst man in einer Gesamtmenge von 10 ml 70% Methanol in 4—5 Portionen bei 40—45°C, läßt 18 Std bei —15°C stehen (über Nacht) und zentrifugiert 10 min bei 3000—12000 U/min. Nach Dekantieren der überstehenden Flüssigkeit wird mit 20 ml Wasser verdünnt und sogleich dreimal mit je 30 ml Petroläther (Kp 35—40°C) extrahiert. Bei geringen Verunreinigungen engt man die vereinigten Petrolätherauszüge im Vakuum bis auf etwa 1 ml ein und überführt die Lösung in ein Mikrospitzkölbchen.

Papierchromatographie. Der bis auf etwa 0,2 ml eingeengte Extrakt wird mittels Capillarpipette auf den für die Papierchromatographie vorgesehenen Streifen (Schleicher & Schüll, 2045 b, mit Methanol gewaschen) aufgetragen und absteigend im Lösungsmittelsystem 70% Methanol/n-Hexan nach 1—6stündiger Equilibrierung bei 37°C chromatographiert, zusammen mit einem Standard von 10 μg Progesteron. Der Progesteron enthaltende Abschnitt des Papierchromatogramms wird durch UV Kontaktphotographie (unter Verwendung eines Quecksilber-Niederdruckbrenners NK 25/85 Quarzlampengesellschaft Hanau und Agfa Lupex-hart-Papier) ermittelt und ebenso wie ein entsprechender Abschnitt eines Leerstreifens mit 5 ml Methanol innerhalb von 20 min eluiert, wobei eine besondere Elutionsapparatur benutzt wird.

Quantitative Bestimmung. Die Messung des UV-Absorptionsspektrums erfolgt in Küvetten von 1 cm Schichtdicke und 3 ml Inhalt im Beckman-DU-Spektralphotometer zwischen 220 und 270 mμ, indem man die Absorption des Plasmaextrakts gegen den Papierleerextrakt bestimmt. Aus der Absorption eines geeigneten Progesteronstandards läßt sich der Gehalt des Plasmaextraktes an Progesteron feststellen. Bei einer durch Verunreinigungen allzusehr beeinträchtigten Absorptionskurve wird eine Rechromatographie vorgeschlagen.

Ergebnisse

Wiederauffindungsversuche mit 10—20 μg Progesteron ergaben, daß 80—100% der zu 5—45 ml Plasma bzw. Vollblut zugesetzten Progesteronkonzentrationen nachgewiesen werden konnten (Mittel: 90,7%, maximale Abweichung $\pm$ 10%). Die Grenze der Empfindlichkeit liegt für die entwickelte Methode bei 2,5 μg Progesteron.

Die Spezifität der Methode wurde durch Infrarotspektrum, Schwefelsäureabsorptionsspektrum sowie zahlreiche Farbreaktionen des isolierten Materials eindeutig bewiesen.

Die in Schwangerenplasma festgestellte Progesteronkonzentration bewegte sich je nach Dauer der Schwangerschaft zwischen 3,9 und 26,8 μg/100 ml, wobei sich der Mittelwert während des letzten Trimenon auf 14,2 μg/100 ml belief.

2. Bestimmung von Progesteron in Plasma nach SHORT [184]

Extraktion. 20—30 ml Plasma (mit Natriumcitrat, Natriumoxalat oder Heparin als Anticoagulans) werden mit soviel 5 n Natronlauge oder festem Natriumhydroxyd versetzt, bis die endgültige Lösung einer 0,5% Natronlauge entspricht. Man überführt nach gründlichem Durchmischen in einen Scheidetrichter, extrahiert sechsmal mit je 4 Vol Äther und wäscht die vereinigten Ätherauszüge einmal mit 0,1 Vol Wasser, bevor man auf dem Wasserbad fast bis zur Trockne eindampft. Letzte Spuren Lösungsmittel werden unter Stickstoff entfernt.

Reinigung. Man überführt den Trockenrückstand mittels dreimal je 10 ml Petroläther in einen Scheidetrichter, extrahiert sechsmal mit je 10 ml 70% Methanol und dampft die vereinigten wäßrigmethanolischen Extrakte im 500-ml-Rundkolben unter Verwendung eines Rotationsverdampfers bei etwa 70°C zur Trockne ein.

Papierchromatographie. Der Rückstand wird zweimal mit je 1,0 ml und einmal 0,5 ml abs. Methanol in ein 2,5 ml-Reagensglas übergeführt und unter Stickstoff zur Trockne eingedampft. Den Rückstand löst man in 0,05 ml Methanol, überführt die Lösung auf den entsprechenden Papierstreifen (Whatman Nr. 20) und wäscht zweimal mit je 0,025 ml Methanol nach. Die absteigende Chromatographie erfolgt bei 37°C im Lösungsmittelsystem 80% Methanol/Ligroin, wie bei ZANDER u. SIMMER [94] beschrieben. Mittels UV-Kontaktphotographie wird der Progesteron enthaltende Abschnitt des trockenen Papierchromatogramms festgelegt und anschließend mit 5 ml Methanol eluiert. In gleicher Weise bereitet man sich einen entsprechenden Papierleerextrakt. Die Eluate werden anschließend im 100-ml-Rundkolben unter Stickstoff zur Trockne eingedampft.

Quantitative Bestimmung. Der Rückstand wird in 0,5 ml abs. Äthanol gelöst und in eine entsprechende Mikroküvette übergeführt. Man mißt die Absorption der Lösung bei 220, 240 und 260 mμ gegen den Papierleerextrakt, korrigiert die maximale Absorption bei 240 mμ gemäß der Formel

$$\text{Abs.}_{240\,corr} = \text{Abs.}_{240} - \frac{\text{Abs.}_{220} + \text{Abs.}_{260}}{2}$$

und ermittelt den Progesterongehalt an Hand einer mit 1—14 μg Progesteron/ml Äthanol aufgestellten Eichkurve.

Ergebnisse

Die Überprüfung einzelner Schritte ergab, daß bei einem dreifachen Ausschütteln von 10—25 ml Männerplasma mit je 4 Vol Äther 65 ± 2,1% zugesetzten Progesterons (2,68—10,72 μg) extrahiert werden. Bei sechsmaligem Ausschütteln mit je 4 Vol Äther betrug die extrahierte Menge 73 ± 4,0%. Im Verlaufe einer Papierchromatographie von 5,36 μg Progesteron gingen lediglich 1 bzw.

8% Progesteron verloren. Ein Wiederauffindungsversuch mit 5,36 µg Progesteron in 250 ml Wasser führte zum Nachweis von 91% der zugesetzten Menge. Was die Spezifität der Methode angeht, so ist diese durch den Verteilungskoeffizienten von Progesteron in 70% Methanol/Petroläther, den R_f-Wert der Verbindung bei Papierchromatographie sowie die für Δ^4-3-Ketosteroide charakteristische Absorption bei 240 mµ gegeben. Die papierchromatographische Auftrennung des extrahierten Materials gestattet gleichzeitig die Erfassung des im Plasma vorkommenden 4-Pregnen-20 β-ol-3-on (20 β-Pregnenolon).

Die mittels vorstehender Methode gefundenen Progesteron-Spiegel im Plasma Schwangerer (10.—39. Schwangerschaftswoche) bewegten sich zwischen 6,2 und 21,9 µg/100 ml.

3. Bestimmung von Progesteron (und Pregnandiol) in Plasma nach SOMMERVILLE u. DESHPANDE [123]

Extraktion. Je nach dem erwarteten Progesterongehalt werden bis zu 20 ml heparinisiertes Plasma (0,2 ml = 200 E Heparin pro 20 ml Blut) mit 1 Vol 1/3 n Natronlauge verdünnt und 5 min mechanisch geschüttelt. Anschließend überführt man die Hälfte des verdünnten, alkalischen Plasmas in eine zweite Zentrifugenflasche, spült die benutzte Pipette mit Extraktionsmittel aus und versetzt beide Plasmaproben mit je 150 ml Methylenchlorid-Äther (1:4 v/v). Nach 2 min mechanischen Rührens werden die mit Zellophan verschlossenen Zentrifugenflaschen für 10 min bei 2000 U/min zentrifugiert und die überstehende Lösungsmittelschicht durch ein Faltenfilter in 500-ml-Rundkolben gegeben. Auf dem Dampfbad wird die Lösung bis auf etwa 20 ml eingedampft. Man wiederholt die Extraktion des alkalischen Plasmas noch zweimal in der gleichen Weise und dampft schließlich auf dem Dampfbad im Vakuum zur Trockne ein.

Chromatographie. Der Trockenrückstand wird in 20 ml frisch destilliertem n-Hexan unter Erwärmen gelöst und nach 2 Std auf die in n-Hexan zubereitete Säule (Höhe: 6 cm, Durchmesser: 1 cm) aus Aluminiumoxyd („Woelm", Akt. Stufe 1, neutral) gebracht. Das zur Chromatographie verwendete Aluminiumoxyd wird jedoch durch Zusatz von 4,8 ml Wasser zu 100 g und einstündiges mechanisches Rühren desaktiviert. Nach Auftragen des Plasmaextraktes wird der Rundkolben dreimal mit je 10 ml n-Hexan nachgespült und im Anschluß an die nun vollständige Überführung des Plasmaextraktes mit 15 ml 5% Chloroform in n-Hexan eluiert. Die aus n-Hexan und 5% Chloroform in n-Hexan bestehenden Eluate 1 und 2 werden verworfen. Progesteron wird dann mittels sechsmal je 10 ml 20% Chloroform in n-Hexan eluiert, wobei man die erste 10 ml betragende Fraktion verwirft und die fünf restlichen Fraktionen getrennt auffängt. Zuletzt eluiert man Pregnandiol zweimal mit je 5 und zweimal mit je 10 ml Chloroform. Alle Fraktionen werden unter Stickstoff zur Trockne eingedampft.

Farbreaktion. Zu dem Trockenrückstand der fünf Fraktionen gibt man 0,6 ml Isonicotinsäurehydrazidreagens (50 mg Isonicotinsäurehydrazid werden im 100-ml-Meßkolben mit etwa 60 ml abs. Äthanol unter Erwärmen gelöst und nach langsamem Abkühlen mit 0,06 ml konz. Salzsäure versetzt und schließlich mit Äthanol auf 100 ml aufgefüllt), erwärmt die gut verschlossenen Röhrchen 1 Std bei 25°C und mißt die Absorption in Mikroküvetten bei 360, 380 und 400 mμ gegen einen entsprechenden Reagentienleerwert. Nach Korrektur der Absorption bei 380 mμ gemäß folgender Formel

$$\text{Abs.}_{380\ corr} = \text{Abs.}_{380} - \frac{\text{Abs.}_{360} + \text{Abs.}_{400}}{2}$$

wird die Progesteronkonzentration in den einzelnen Fraktionen an Hand einer mit 1—10 μg Progesteron aufgestellten Eichkurve ermittelt.

Ergebnisse

Bei Wiederauffindungsversuchen mit 1,10—9,20 μg Progesteron, welche zu Wasser oder Männerplasma zugesetzt wurden, ließen sich 72—98% der zugegebenen Konzentrationen in den entsprechenden Fraktionen nachweisen (Mittel: 87%). Die Identität des bestimmten Materials mit Progesteron wurde durch Papierchromatographie der bei Säulenchromatographie anfallenden Eluate und nachfolgende UV Spektrophotometrie näher gekennzeichnet. Die Empfindlichkeitsgrenze liegt bei 1 μg/10 ml Plasma. In der 36. Schwangerschaftswoche betrug die Konzentration von Progesteron im peripheren Plasma 7—13 μg/100 ml.

4. Bestimmung von Progesteron in Plasma nach OERTEL et al. [185]

Extraktion. 20 ml Plasma werden mit 0,015 μg Progesteron-4-^{14}C (etwa 1000 I/min) versetzt und anschließend 15 min mit 3 Vol Äthanol geschüttelt. Nach Zentrifugieren und Dekantieren wäscht man den Rückstand noch zweimal mit je 0,5 Vol Äthanol und dampft die vereinigten Extrakte im Vakuum bei 40°C zur Trockne ein.

Entfernung von Lipoiden. Der Trockenrückstand wird in 10 ml 70% Methanol gelöst, rund 15 Std bei —15°C aufbewahrt und 15 min bei 2000 U/min in einer Kühlzentrifuge zentrifugiert. Man dekantiert vorsichtig, wäscht den Rückstand mit 2 ml eiskaltem 70% Methanol und verdünnt die vereinigten wäßrig-methanolischen Lösungen mit 15 ml Wasser.

Extraktion von Progesteron. Die Extraktion von Progesteron erfolgt durch ein dreimaliges Ausschütteln mit je 15 ml n-Hexan. Die vereinigten Auszüge werden im Vakuum zur Trockne eingedampft.

Papierchromatographie. Der Trockenrückstand wird mittels dreimal je 0,2 ml Methanol-Chloroform (1 : 1 v/v) quantitativ auf einen Konzentrierungsstreifen überführt. Nach Auftragen von 50 µg Desoxycorticosteron als Vergleichssubstanz konzentriert man die Steroide in der Spitze des Papierstreifens durch aufsteigende Chromatographie in Methanol-Benzol (1 : 9 v/v). Die Spitze des Konzentrierungsstreifens wird abgeschnitten und in die vorgesehenen Einschnitte auf dem mit Propylenglykol-Methanol (1 : 1 v/v) imprägnierten Papierstreifen (Whatman Nr. 1, gewaschen mit 0,1 n Salzsäure, Wasser und Methanol) eingesetzt. Anschließend chromatographiert man absteigend für 8—10 Std im Lösungsmittelsystem Propylenglykol/Methylcyclohexan, ermittelt den Progesteron enthaltenden Abschnitt des getrockneten Papierchromatogramms an Hand des R_{DOC} Wertes von 50 µg Progesteron, die mit 50 µg Desoxycorticosteron gleichzeitig chromatographiert werden (R_{DOC} = 4,8—5,2), und eluiert mit Methanol. In gleicher Weise bereitet man sich zwei entsprechende Papierleerextrakte, von denen einer mit 10 µg Progesteron als Standard versetzt wird. Alle Eluate werden unter Stickstoff zur Trockne eingedampft.

Reinigung der Eluate. Der Trockenrückstand der Eluate wird in 10 ml Benzol gelöst und der Reihe nach einmal mit 10 ml 0,1 n Schwefelsäure und zweimal mit je 10 ml Wasser ausgeschüttelt, bevor man unter Stickstoff zur Trockne eindampft.

Quantitative Bestimmung. Man löst den Trockenrückstand des Plasmaextrakts in 1,0 ml Äthanol und benutzt 0,1 ml dieser Lösung zur Bestimmung der Radioaktivität in einem Gasdurchflußzähler. Nach Eindampfen der restlichen Lösung wird der Trockenrückstand von Plasmaextrakt, Papierleerextrakt und Papierleerextrakt + 10 µg Progesteron in 1,2 ml Schwefelsäure-Äthanolreagens (aus 1 Vol 80% Äthanol und 2 Vol konz. Schwefelsäure) gelöst, 15 min bei 60°C brütet und nach Abkühlen bei 260, 290 und 320 mµ photometriert. Die bei 290 mµ beobachtete maximale Absorption wird korrigiert:

$$\text{Abs.}_{290\,corr} = 2 \times \text{Abs.}_{290} - \text{Abs.}_{260} - \text{Abs.}_{320}.$$

An Hand der korrigierten Absorption von 10 µg Progesteronstandard läßt sich der Gehalt des Plasmaextraktes an Progesteron ermitteln. Verluste können durch die Bestimmung der wiedergefundenen Radioaktivität oder einen Wiederauffindungsversuch mit 10 µg Progesteron in 10 ml Männerplasma festgestellt werden.

Ergebnisse

Im Verlauf mehrerer Wiederauffindungsversuche mit 0,5 bis 10,0 µg Progesteron in 10 ml 6% Albuminlösung oder 10 ml Männerplasma konnten 78—101% des zugesetzten Progesterons nachgewiesen werden. Eine Kontrolle der mit einer neuen Farbreaktion gefundenen Plasmakonzentrationen läßt sich durch UV-Spektrophotometrie bei 220, 240 und 260 mµ vor Behandlung mit Schwefelsäure-Äthanolreagens durchführen. Die Spezifität der Methode ist durch die Papierchromatographie gegeben und kann als ausreichend gelten, zumal Männerplasma nach der beschriebenen Aufarbeitung kein Progesteron enthält. Die Grenze der Empfindlichkeit liegt selbst bei Benutzung von geeigneten Mikrocuvetten um 0,5 µg Progesteron/Plasmaprobe.

Im Plasma gesunder weiblicher Versuchspersonen beobachtete man zwischen 2,5—5,0 µg Progesteron/100 ml, je nach Cyclustag.

Pregnandiol

Sind in der Literatur zahlreiche Methoden zur Bestimmung von Pregnandiol im Harn beschrieben, so finden sich bislang nur zwei Verfahren [23, 189], welche die quantitative Erfassung von Pregnandiol im peripheren menschlichen Blutplasma zum Ziel haben. Beide Methoden ermöglichen eine gleichzeitige Bestimmung von Progesteron. Da Pregnandiol im Plasma anscheinend als Glucuronosid vorkommt, ist zu seiner Freisetzung eine Hydrolyse erforderlich. Diese gelingt entweder durch Bebrütung mit β-Glucuronidase oder aber eine konventionelle Säurehydrolyse. Die nach heißer Säurehydrolyse von Plasmaextrakten gefundenen Konzentrationen entsprechen weitgehend den mit enzymatischer Hydrolyse erzielten Werten, was auf eine quantitativ ausreichende Hydrolyse, wie auch auf eine relative Beständigkeit von Pregnandiol schließen läßt. Die Reinigung und Abtrennung des Pregnandiols erfolgt in einem Fall [23] säulenchromatographisch, im anderen durch Papierchromatographie. Die im Verlauf der Säulenchromatographie eintretende Verteilung des Pregnandiols auf mehrere Fraktionen erschwert offensichtlich die zuverlässige Bestimmung kleinster Mengen von Pregnandiol, wie sie etwa im Plasma Nichtschwangerer anzutreffen sind. Zumal auch die Anwendung der Farbreaktion mit konz. Schwefelsäure die Empfindlichkeit des Verfahrens gegenüber den mit Schwefelsäure-Sulfitreagens arbeitenden Methoden herabsetzt [*190*]. Was die Spezifität der angeführten Methoden angeht, so scheint nach den Angaben bei beiden die Identität des analysierten Materials mit Pregnandiol gesichert. Es sollte jedoch darauf hingewiesen werden, daß selbst die Infrarotspektren der im Harn eindeutig nachgewiesenen Isomeren von Pregnandiol, nämlich Allopregnan-3 α, 20 α-diol und Allopregnan-3 β, 20 α-diol [*191*, *192*] dem

Tabelle 7. *Konzentration von Pregnandiol in peripherem menschlichen Plasma*

Methode	Literatur	μg/100 ml Schwangerenplasma	Normalplasma
SOMMERVILLE and DESHPANDE	[*123*]	5—10 (1. Trimenon) 30—60 (3. Trimenon)	
OERTEL et al.	[*189*]	33,0—66,9 (1.—3. Trimenon)	6,5—12,9

des Pregnandiols verhältnismäßig ähnlich sind, so daß die Anwesenheit beider Isomerer weder durch Säulen-, noch durch Papierchromatographie mit nachfolgender unspezifischer Farbreaktion ausgeschlossen werden kann. Angesichts der Tatsache, daß lediglich Pregnandiol aus peripherem menschlichen Plasma [*178*] isoliert wurde, dürfte der Anteil der Isomeren an der isolierten Fraktion allerdings als gering zu veranschlagen sein. Die mit beiden Bestimmungsmethoden ermittelten Konzentrationen von Pregnandiol in Schwangerenplasma entsprechen einander und belaufen sich auf rund 30—60 μg/100 ml während des letzten Trimenon (Tabelle 7).

1. Bestimmung von Pregnandiol in Plasma nach SOMMERVILLE u. DESHPANDE [*23*]

Enzymatische Hydrolyse und Extraktion. 10—20 ml heparinisiertes Plasma werden in einer Zentrifugenflasche mit 1 n Salzsäure auf p_H 4,5 gebracht (Indicatorpapier) und nach Zugabe von 0,25 ml 4 m Acetatpuffer von p_H 4,5 und 20000 E Penicillin (0,2 ml wäßriger Lösung) mit 10000 E β-Glucuronidase (2 ml „Ketodase", Warner-Chilcott Comp., New Jersey, N.J., USA) wenigstens 24 Std bei 37°C bebrütet. Anschließend versetzt man mit 1 Vol $1/3$ n Natronlauge, schüttelt 5 min und überführt eine Hälfte des verdünnten alkalischen Plasmas in eine zweite Zentrifugenflasche. Beide Lösungen werden mit je 150 ml Methylenchlorid-Äther (1:4 v/v) 2 min mechanisch gerührt (Spiralrührer), 10 min bei 2000 U/min zentrifugiert, und die überstehenden organischen Extrakte sorgfältig abgesaugt und durch Faltenfilter in einen

500-ml-Rundkolben übergeführt. Man engt die Lösung auf dem Dampfbad bis auf etwa 20 ml ein, extrahiert die alkalisch-wäßrige Plasmalösung noch zweimal in der gleichen Weise und dampft den endgültigen Extrakt schließlich im Vakuum zur Trockne ein.
Chromatographie. Die Chromatographie des Extraktes erfolgt wie bereits bei der Bestimmungsmethode für Plasmaprogesteron beschrieben, wobei jedoch auch das aus 20% Chloroform in n-Hexan bestehende Eluat verworfen wird. Die Pregnandiol enthaltenden vier Chloroformeluate von zweimal je 5 und zweimal je 10 ml werden unter Stickstoff eingedampft und im Exsiccator aufbewahrt.
Farbreaktion. Der Trockenrückstand der vier Fraktionen wird in 0,6 ml reiner konz. Schwefelsäure gelöst. Man verschließt die Röhrchen mittels Glasstopfen und Federn, erhitzt sie 5 min im siedenden Wasserbad und kühlt sogleich in Eis. Die Absorption des Chromogens wird in Mikrocuvetten bei 400, 420 und 440 mμ gegen einen Reagentienleerwert gemessen, gemäß folgender Formel korrigiert:

$$\text{Abs.}_{420\,corr} = \text{Abs.}_{420} - \frac{\text{Abs.}_{400} + \text{Abs.}_{440}}{2}$$

und der Gehalt an Pregnandiol an Hand einer mit 2—10 μg Pregnandiol aufgestellten Eichkurve errechnet.

Ergebnisse

Wiederauffindungsversuche mit 1,99—9,72 μg Pregnandiol in 10 ml Männerplasma führten zum Nachweis von 69—97% (Mittel: 92%) des zugesetzten Steroids. Da Leerextrakte aus Männerplasma bei der Farbreaktion etwa die gleiche korrigierte Absorption besaßen wie der Reagentienleerwert, konnte die Anwesenheit unspezifischer Chromogene weitgehend ausgeschlossen werden. Mehrfachbestimmungen verschiedener Pregnandiolkonzentrationen in jeweils 10 ml Männerplasma ließen eine zufriedenstellende Genauigkeit des Verfahrens erkennen. Durch Papierchromatographie der endgültigen Plasmaextrakte im Lösungsmittelsystem Isooctan-Toluol/Methanol-Wasser (10:10:8,5:1,5 v/v) bei 32—33°C gelang der Nachweis, daß es sich bei dem isolierten Steroid um Pregnandiol handelt, wie aus der Übereinstimmung von R_f-Wert, Schwefelsäure-Absorptionsspektrum, Verhalten bei Säulenchromatographie usw. geschlossen wurde. Die Empfindlichkeit der Methode liegt angeblich bei 1 μg. Während die Pregnandiolkonzentration im Plasma im ersten Schwangerschaftstrimenon 5—10 μg/100 ml betrug, stieg sie im 3. Trimenon auf 30—60 μg/100 ml, um 24 Std nach der Entbindung soweit abzusinken, daß die Konzentration mit der angegebenen Methode nlcht mehr zu erfassen war.

2. Bestimmung von Pregnandiol in Plasma nach OERTEL **et al.** *[189]*

Extraktion. Je nach dem zu erwartenden Pregnandiolgehalt werden 10—20 ml Plasma, sowie zweimal je 4 µg Na-Pregnandiolglucuronosid in 10 ml Wasser mit je 3 Vol Äthanol versetzt, 15 min mechanisch geschüttelt und zentrifugiert. Man dekantiert, wäscht den Niederschlag zweimal mit je 0,5 Vol Äthanol und dampft die vereinigten Extrakte im Vakuum zur Trockne ein.

Entfernung von Lipoiden. Der Trockenrückstand wird in 10 ml 70% Methanol gelöst und 15 Std bei —15°C aufbewahrt. Man zentrifugiert 10 min bei 2000 U/min, dekantiert und wäscht den Rückstand mit 2,5 ml eiskaltem 70% Methanol. Nach Verdünnen der vereinigten methanolischen Lösungen mit Wasser bis auf etwa 30 ml wird dreimal mit je 10 ml n-Hexan ausgeschüttelt. Die vereinigten Hexan-Extrakte enthalten Progesteron und können dementsprechend aufgearbeitet werden.

Hydrolyse. Zur wäßrig-methanolischen Lösung werden 2,5 ml konz. Schwefelsäure zugesetzt. Man erhitzt 30 min im siedenden Wasserbad, kühlt und extrahiert dreimal mit je 15 ml Äthylacetat. An Stelle der Säurehydrolyse läßt sich auch eine enzymatische Hydrolyse durchführen. Hierzu dampft man die wäßrig-methanolische Lösung im Vakuum zur Trockne ein, löst den Rückstand in 10 ml 0,1 m Acetat-Puffer von p_H 4,7 und bebrütet mit 5000 E β-Glucuronidase („Ketodase", Warner-Chilcott Comp., New Jersey, NJ, USA) 24 Std bei 37°C. Die vereinigten Äthylacetatauszüge werden zweimal mit je 10 ml 1 n Natronlauge und dreimal mit je 10 ml Wasser gewaschen und im Vakuum zur Trockne eingedampft.

Reinigung des Extrakts. Man löst den Trockenrückstand in 10 ml 80% Methanol, extrahiert dreimal mit je 10 ml n-Hexan und dampft im Vakuum zur Trockne ein.

Papierchromatographie. Mittels aufsteigender Papierchromatographie in Methanol-Benzol (1:9 v/v) wird der Extrakt in der Spitze eines Konzentrierungsstreifens angereichert. Anschließend setzt man die Spitze in die vorgesehenen Einschnitte auf dem mit Propylenglykol-Chloroform (1:3 v/v) imprägnierten Papierstreifen (Whatman Nr. 1 oder Schleicher & Schüll, 2043b, gewaschen) und entwickelt absteigend im Lösungsmittelsystem Propylenglykol/Toluol. Nach etwa 2 Std Laufzeit nimmt man den Streifen heraus, trocknet, bestimmt den R_f-Wert von Pregnandiol an Hand eines gleichzeitig chromatographierten Standards von 100 µg Pregnandiol mittels Phosphormolybdänsäure (4% Lösung in Äthanol) und eluiert den entsprechenden Abschnitt des trocknen Chromatogramms mit Methanol. Gleichzeitig bereitet man sich zwei Papierleerextrakte, von denen einer mit 20 µg Pregnandiol versetzt wird. Sämtliche Eluate werden zur Trockne eingedampft.

Säulenchromatographie. Zur Reinigung der Papiereluate werden die Rückstände von Plasmaextrakt, Papierleerextrakt und Papierleerextrakt + 20 µg Pregnandiol in 1% Äthanol in Methylenchlorid gelöst und auf die mit 1% Äthanol in Methylenchlorid zubereitete Säule aus 1,5 g Silicagel (Davison Chemical Corp., Baltimore, USA, 100 mesh) gebracht. Man wäscht zunächst mit 25 ml 2% Äthanol in Methylenchlorid und eluiert dann Pregnandiol mit 25 ml 7,5% Äthanol in Methylenchlorid. Alle Eluate werden unter Stickstoff zur Trockne eingedampft.

Farbreaktion. Den Trockenrückstand der entsprechenden Eluate löst man in 1 ml Schwefelsäure-Sulfitreagens (Schwefelsäure-Glykolsulfit (Chemische Werke Hüls AG, Marl)-Methanol: 3:0,5:0,5 v/v) [*193*]), erwärmt 1 Std bei 50°C und mißt die Absorption des Chromogens bei 390, 425 und 460 mµ. Nach Korrektur der bei 425 mµ beobachteten Absorption gemäß

$$\text{Abs.}_{425\text{ corr}} = 2 \times \text{Abs.}_{425} - \text{Abs.}_{390} - \text{Abs.}_{460}$$

läßt sich die Konzentration an Pregnandiol aus der für 20 µg Standard erhaltenen korrigierten Absorption ermitteln. Verluste können auf Grund der beiden gleichzeitig durchgeführten Wiederauffindungsversuche mit je 4 µg Na-Pregnandiolglucuronosid in 10 ml Wasser festgestellt und kompensiert werden.

Ergebnisse

Im Verlauf von 19 Wiederauffindungsversuchen mit 1—20 µg Pregnandiol oder 1—5 µg Na-Pregnandiolglucuronosid, welche 10 ml Wasser oder Männerplasma zugesetzt wurden, konnten 74 bis 110% (Mittel: 85 ± 8%) des zugefügten Pregnandiols nachgewiesen werden. Die maximale Abweichung der Einzelwerte vom Mittel betrug bei den sechs Mehrfachbestimmungen ±4%. Die Spezifität der Methode beruht auf der papierchromatographischen Abtrennung von Pregnandiol sowie den Verteilungskoeffizienten in den verschiedenen benutzten Lösungsmittelsystemen und einer Säulenchromatographie. Da die diesbezüglichen Eigenschaften der Isomeren jedoch sehr ähnlich sind, kann die Anwesenheit solcher Steroide nicht völlig ausgeschlossen werden, wenngleich die Isolierung der Isomeren von Pregnandiol aus Plasma noch aussteht. Durch Verwendung von Mikrocuvetten (0,3 ml Fassungsvermögen) gelang es, 0,1—0,2 µg Pregnandiol/Plasmaprobe mit ausreichender Genauigkeit zu erfassen. Während im Plasma gesunder Männer kein Pregnandiol gefunden wurde, belief sich die Konzentration von Pregnandiol im Plasma Nichtschwangerer auf 6,5—12,9 µg/100 ml und im Plasma Schwangerer (2. und 3. Trimenon) 33,0 bis 66,9 µg/100 ml.

Corticosteroide

Die Bestimmung von Corticosteroiden im peripheren Plasma ist anerkannterweise von großer Bedeutung für die klinische Diagnostik. Werden doch bei Plasmaanalysen die in die Erfolgsorgane gelangenden, wirksamen Konzentrationen der einzelnen Steroidhormone oder einer ganzen Gruppe erfaßt. Wie aus mehreren Übersichtsreferaten [*14, 194—196*] hervorgeht, befaßt sich eine große Zahl verschiedener Methoden mit der quantitativen Bestimmung von Corticosteroiden, insbesondere von Corticosteron und 17-Hydroxycorticosteroiden, wie Cortisol. Da die Konzentration von Corticosteroiden im peripheren Plasma zu niedrig ist, als daß eine eindeutige Identifizierung des isolierten Materials möglich wäre, beschränkt man sich zumeist auf eine Anwendung mehr oder weniger spezifischer Farbreaktionen, die dann in Zusammenhang mit den bei Extraktion und Reinigung benutzten Verfahren eine ausreichende Spezifität der jeweiligen Methode gewährleisten.

Die für eine Einzelbestimmung benötigte Plasmamenge bewegt sich je nach der Empfindlichkeit der Endpunktbestimmung zwischen 0,5 und 10 ml Normalplasma. Angesichts der Beobachtung, daß sich Plasmaspiegel von 17-Hydroxycorticosteroiden in Abhängigkeit der ACTH-Ausschüttung seitens der Hypophyse im Verlauf eines Tages beträchtlich ändern [*4, 197*], ist die Notwendigkeit einer Blutentnahme zu bestimmten Zeitpunkten, möglichst im nüchternen Zustand, gegeben. Als Anticoagulans verwendet man vorzugsweise Heparin, da z. B. Citrat bei der Bestimmung von 17-Hydroxycorticosteroiden mittels der Porter-Silber-Reaktion stört [*79*]. Weiterhin sollte die Abtrennung des Plasmas unmittelbar nach Blutentnahme erfolgen, um einen möglicherweise stattfindenden Übergang von Corticosteroiden in Erythrocyten [*28 bis 30, 198, 199*] auszuschließen. Während bei gegebener Temperatur die Konzentration des an Erythrocyten gebundenen Cortisols verhältnismäßig konstant ist [*30, 200, 201*] kann bei niedriger Temperatur eine merkliche Änderung derselben eintreten [*201*]. Letzterer Befund widerspricht allerdings Versuchsergebnissen von WU u. MASON [*29*] und DE MOOR et al. [*33*], wonach mit Oxalat oder Heparin ungerinnbar gemachtes Blut bis zu 48 Std im Eisschrank aufbewahrt wurde, ohne daß es zu einer Verminderung der Corticosteroide im anschließend abgetrennten Plasma gekommen wäre. Ob die bei der Analyse von Blutserum [*202, 203*] gefundenen niedrigen Konzentrationen an Corticosteroiden auf einen Einfluß der Blutgerinnung bzw. eine Zersetzung der Steroide bei Zimmertemperatur oder aber auf die Methodik zurückzuführen sind, läßt sich nicht entscheiden. Anderen Berichten [204] zufolge entsprechen nämlich die im Serum beobachteten Werte für 17-Hydroxycorticosteroide den im Plasma ermittelten Konzentrationen. Wie schon erwähnt, kann Plasma unbedenklich mehrere Wochen im Tiefkühlschrank aufbewahrt werden, jedenfalls ohne merklichen Verlust an 17-Hydroxycorticosteroiden [31, 32].

Eine Extraktion von Plasma mit organischen Lösungsmitteln, wie Chloroform [79, 205], Methylenchlorid [47, 206, 207], Äthylacetat [32, 208], Isopropylacetat [209] und Butanol [197] gestattet die Entfernung der freien Corticosteroide. In den meisten Fällen genügt dem Verteilungskoeffizienten [14] entsprechend eine dreimalige Extraktion mit 1 Vol, obgleich auch eine einmalige Extraktion mit 5 Vol Methylenchlorid [28] oder ein zweifaches Ausschütteln mit je 1,5 Vol Chloroform [205] auszureichen scheint. Die verschiedentlich geäußerte Ansicht, daß Äthylacetat bei Extraktion zu reineren Extrakten führe [32, 208], wird anderwärts bestritten [59].

Anstelle einer direkten Extraktion eignet sich auch die Behandlung des Plasmas mit Zinksulfat und Natronlauge [46], Äthanol und Zinksulfat [48], Äthanol [47, 142, 210] und Methanol [52] zur Gewinnung von Plasmaextrakten bei gleichzeitiger Ausfällung der Plasmaproteine. Die Extraktion von Plasma mittels Dialyse [18, 211, 212] hat sich für Routinebestimmungen offensichtlich nicht durchgesetzt, zumal gleichzeitig dialysierende Fremdstoffe weitere Reinigungsschritte erforderlich machen.

Um die in Plasmaextrakten enthaltenen Verunreinigungen zu entfernen, bedient man sich zumeist einer Lösungsmittelverteilung zwischen wäßrigem Methanol oder Äthanol und Äthylacetat [142], Petroläther [59, 213], Hexan [52, 68], Toluol-Hexan [66], Toluol-Petroläther [214]. Desgleichen können die vornehmlich aus Lipoiden bestehenden Fremdstoffe durch Ausschütteln des Plasmas mit Tetrachlorkohlenstoff [215], Isooctan [216] oder Petroläther [215, 217] zum größten Teil eliminiert werden. Zahlreiche Methoden schließen ein Waschen des organischen Extraktes mit 0,1 n Natronlauge [207, 215], Natriumcarbonat [173, 214, 218] oder Kaliumcarbonat [210] ein. Die bei Verwendung von höherkonzentriertem Alkali [219] befürchtete Zerstörung von Corticosteroiden läßt sich durch anschließendes Neutralisieren mit Essigsäure [32, 220] vermeiden. Für eine weitere, wirkungsvolle Reinigung sorgen chromatographische Verfahren. Die Säulenchromatographie an

Florisil [*79, 198, 205*], Magnesiumsilikat/Celite [*79, 221, 222*] und Silicagel [*64, 86, 173, 220*] gestattet eine ausreichende Säuberung von Plasmaextrakten für nachfolgende Farbreaktionen. Die Auswahl der Reinigungsschritte hängt stets von dem Ziel der Untersuchung und dem verfügbaren Ausgangsmaterial ab, sowie den notwendigen Zuverlässigkeitskriterien.

Die Bestimmung einzelner Corticosteroide bedingt eine Abtrennung der jeweiligen Verbindung aus dem Gemisch der im Plasmaextrakt enthaltenen Steroide. Diese Auftrennung erfolgt vorzugsweise durch Chromatographie, sei es Adsorptionschromatographie oder Verteilungschromatographie [*74*]. Eine Trennung von Cortisol und Corticosteron gelingt durch Adsorptionschromatographie an Silicagel [*82, 223*]. Obgleich diese Methode angeblich nichtreproduzierbare Ergebnisse liefert [*64, 65, 86*], wurde sie in veränderter Form [*64, 86, 224*] beibehalten. Die von MORRIS u. WILLIAMS eingeführte Verteilungschromatographie an Kieselgur [*142*] vermochte sich trotz einiger Erfolge [*86*] nicht durchzusetzen. Dagegen hat die Bedeutung der Papierverteilungschromatographie bei der Abtrennung von Corticosteroiden aus Plasmaextrakten erheblich gewonnen, insbesondere unter Verwendung isotopenmarkierter Steroide oder Steroidderivate [*22, 68, 93*]. Besitzt die Verteilungschromatographie nach BUSH [*87*] den Vorteil einer kürzeren Laufzeit bei leicht verdampfenden Lösungsmitteln, so lassen sich mit den von ZAFFARONI [*88*] entwickelten Lösungsmittelsystemen größere Mengen unreiner Extrakte auftrennen. Allerdings haftet letzterem Verfahren der Nachteil einer Papierchromatographie, nämlich die selten quantitative Elution und die Bereitung eines geeigneten Leerwerts, in besonderem Maße an. Bei dem Vergleich der Verteilungschromatographie an einer Säule mit Papierverteilungschromatographie [*225*] zeigt es sich, daß die Trennwirkung papierchromatographischer Methoden der von Verteilungsverfahren im allgemeinen gleichkommt, jedoch die Aufarbeitung einer größeren Anzahl von Plasmaextrakten erlaubt. Demgegenüber bildet die eben erwähnte Frage zuverlässiger Leerwerte ein nicht zu umgehendes Problem.

Wie in der ausgezeichneten und kritischen Übersicht von BRAUNSBERG u. JAMES [*14*] eingehend erläutert, kommen grundsätzlich fünf Verfahren für eine quantitative Bestimmung von Corticosteroiden, insbesondere Cortisol und Corticosteron in Frage:
1. Messung der für Δ^4-3-Ketosteroide typischen Absorption bei 240 mμ,
2. Farbreaktionen mit bestimmten funktionellen Gruppen des Steroidmoleküls

a) Porter-Silber-Reaktion: 17-Hydroxy-20, 21-Ketolgruppe,
b) Reaktion mit 2,4-Dinitrophenylhydrazin: Carbonylgruppe,
c) Reduktion von Tetrazoliumsalzen: 20, 21-Ketolgruppe,
d) Reaktion mit Isonicotinsäurehydrazid: Δ^4-3-Ketogruppe,
3. Messung der Fluorescenz in alkalischer oder saurer Lösung,
4. Polarographische Bestimmung von Derivaten,
5. Messung der Radioaktivität nach Einführung von Isotopen,
6. Enzymatische Umwandlung und Bestimmung verbrauchter Cofaktoren.

Da die UV-Absorption der Δ^4-3-Ketogruppe bei 240 mμ in Gegenwart geringster Spuren verunreinigender Substanzen erheblich beeinträchtigt wird, ist eine vorausgehende ausgiebige Reinigung unbedingt erforderlich [71].

Die vielbenutzte Porter-Silber-Reaktion [95] übertrifft die UV-Absorptionsmessung an Empfindlichkeit (molarer Extinktionskoeffizient: 21700—26000 [28, 49, 217, 226] gegenüber 13800 [186, 187] für Cortisol) sowie an Spezifität. Wird sie doch nur von 17-Hydroxy-20, 21-Ketolen gegeben. Nach BARTON et al. [98] handelt es sich bei dem Porter-Silber-Chromogen um ein C-21-Phenylhydrazon, dessen Absorptionsmaximum bei 410 mμ liegt. Eine Verwendung von Äthanol bei der Porter-Silber-Reaktion ist auf Grund der beobachteten, niedrigen Leerwerte einem Einsatz von Methanol [227] vorzuziehen. In verhältnismäßig ungereinigten Plasmaextrakten ist eine Störung der Porter-Silber-Reaktion durch Zucker, Ascorbinsäure, Milchsäure, Paraldehyd, Bilirubin usw [206, 217, 228] möglich. Entgegen früheren Ansichten [206] scheint der Anteil von Cortisol an den in Chloroformextrakten befindlichen Porter-Silber-Chromogenen oft höchstens zwei Drittel auszumachen [229, 230]. Offenbar können Tetrahydrocortison [229, 231] und andere polare Steroide [229] zur Farbbildung beitragen.

Anstelle von Phenylhydrazin läßt sich auch 2,4-Dinitrophenylhydrazin in saurer Lösung zur quantitativen Bestimmung von Corticosteroiden heranziehen [218]. Die Erhöhung der Empfindlichkeit (molarer Extinktionskoeffizient 380 mμ: 32000) ist allerdings mit einem Verlust an Spezifität verbunden, da praktisch alle Ketone reagieren, so daß eine weitgehende Reinigung der Plasmaextrakte angebracht sein dürfte [49].

Die Reduktion von Tetrazoliumsalz [232] als empfindliche Endpunktbestimmung der in Plasmaextrakten vorhandenen, reduzierenden Corticosteroide (20, 21-Ketolgruppe) erfordert gleichfalls eine ausgiebige Reinigung, um unspezifische, reduzierende Begleitstoffe auszuschließen. Auch Steroide ohne 20, 21-Ketolgruppe reagieren in alkalischer Lösung mit Tetrazoliumsalzen, wenngleich erheblich langsamer [233, 234]. Neben Natronlauge [235] und Cholin [235] eignet sich vor allem Tetramethylammoniumhydroxyd als Base [49, 234] im Reaktionsgemisch. Eine Verwendung der Tetrazoliumreaktion im Anschluß an eine papierchromatographische Trennung der Corticosteroide scheint trotz wechselnder Leerwerte durchaus möglich [236, 237].

Eine Reaktion der Δ^4-3-Ketogruppe mit Isonicotinsäurehydrazid [188] zwecks Bestimmung der in Plasmaextrakten enthaltenen Corticosteroide kommt in Anbetracht der geringen Empfindlichkeit (molekularer Extinktionskoeffizient 380 mμ: 11700) und unzureichender Spezifität für ungereinigte Extrakte [238, 239] wohl kaum in Frage.

Cortisol und Corticosteron reagieren in alkalischer [87, 240] oder saurer [241—243] Lösung unter Bildung fluorescierender Verbindungen, wobei die Intensität der Fluorescenz der Konzentration an Steroid proportional ist, solange die Extinktion des Chromogens 0,05 nicht übersteigt [244]. Statt Natronlauge [87] kann auch Kalium-t-Butylat [240, 245] oder Äthanol-Schwefelsäure [246] zur Erzeugung der Fluorescenz benutzt werden. Während nach DE MOOR et al [33] die Fluorescenz in Äthanol-Schwefelsäure bereits nach 5 min gemessen wird, tritt nach STEWART et al [247] eine spezifische, maximale Fluorescenz von Cortisol und Corticosteron erst innerhalb von 45 bzw. 85 min ein.

Die Anwendung fluorometrischer Messungen bei der quantitativen Bestimmung von Corticosteroiden in isolierten Plasmafraktionen [32, 64, 82, 84, 86, 93, 102, 248] ist der Fluorometrie von relativ unreinen Plasmaextrakten [33, 216, 247, 249, 250] vorzuziehen, da die fluorometrische Auswertung niedrigster Steroidkonzentrationen gegenüber der Anwesenheit störender Verunreinigungen besonders empfindlich ist. Was die Zuverlässigkeit derartiger Messungen anbetrifft, so weisen BRAUNSBERG u. JAMES [246, 251] mit Recht auf apparative Unterschiede hin, die alleine schon die Genauigkeit ermittelter Werte beeinflussen.

Der Einsatz von radioaktiven Isotopen zur quantitativen Erfassung von Corticosteroiden erfolgt, wie bereits in der Einleitung erwähnt, grundsätzlich auf zweierlei Weise: Zusatz einer bestimmten Menge isotopenmarkierten Corticosteroids zur Plasmaprobe und Bestimmung der spezifischen Radioaktivität isolierten Materials oder aber Überführung des Corticosteroids in ein geeignetes Derivat mittels isotopenmarkiertem Reagens und Bestimmung der Radioaktivität. Ersteres Verfahren wurde erfolgreich zur Bestimmung von Corticosteron [102], Cortisol [22] sowie beider [93] Steroide angewendet, während das zweite von BERLINER [68] und

HOLLANDER u. VINECOUR [*100*] für eine Plasmaanalyse von Corticosteroiden bevorzugt wurde. Eine Kombination beider Methoden stellt die „doppelte Markierung" dar, wie sie BOJESEN [*106*] und AVIVI et al. [*252*] für die Bestimmung von Cortisol benutzten. Die in der jüngsten Zeit entwickelte Methode [*253, 254*] einer enzymatischen Reduktion der 20-Ketogruppe von Corticosteroiden und Messung des dabei verbrauchten DPNH ist zweifellos steroidspezifisch und besitzt auch die für eine Bestimmung von Corticosteroiden in Plasma notwendige Empfindlichkeit (molekularer Extinktionskoeffizient 340 mμ = 6280).

Eine derartige interessante Methode eröffnet neue Wege zur spezifischen Bestimmung von Steroidhormonen.

Im Folgenden sollen einige gebräuchliche und bewährte Bestimmungsmethoden für Corticosteroide im Plasma eingehend beschrieben werden. Bei einem Teil dieser Analysenverfahren bedient man sich der Porter-Silber-Reaktion [*28, 46, 52, 207, 214, 215*] und erfaßt infolgedessen freie [*28, 207, 214, 215*] oder freie und konjugierte [*46, 52*] 17-Hydroxy-20, 21-Ketole (17-Hydroxycorticosteroide, 17-OH-CS). Hinsichtlich ihrer Spezifität dürften sich die einzelnen Verfahren trotz unterschiedlicher Aufbereitung des Plasmas im Wesentlichen entsprechen. Die mit diesen Methoden erzielten Ergebnisse genügen den Bedürfnissen des klinischen Labors, was Richtigkeit und Genauigkeit der Resultate betrifft. Die Empfindlichkeit kann durch Verwendung von Mikrocuvetten für 0,3 ml Reaktionslösung auf etwa 0,2 μg Cortisol gesteigert werden.

Die Anwendung der Fluorometrie gestattet eine beträchtliche Erhöhung der Empfindlichkeit [*33, 247*], erfordert auf der anderen Seite hingegen zumeist eine intensivere Reinigung der Plasmaextrakte, soll eine ausreichende Spezifität gewährleistet sein [*86*]. Zumal bei Fluorometrie derartiger Plasmaextrakte Cortisol und Corticosteron zusammen erfaßt werden. Auf Grund der Richtigkeit und Genauigkeit zahlreicher Analysenergebnisse empfehlen sich die angeführten Bestimmungsmethoden für Routineuntersuchungen.

Die chromatographische Abtrennung einzelner Steroide mit anschließender fluorometrischer Bestimmung [*22, 32, 86, 216, 224*] sollte den Mangel an Spezifität der vorangehenden Verfahren beseitigen. Die Einführung chromatographischer Schritte aber bringt andere Schwierigkeiten mit sich. Während für die Säulenchromatographie an Celite [*86*] verhältnismäßig viel Zeit benötigt wird, erhebt sich bei Papierchromatographie die Frage eines zuverlässig niedrigen Leerwerts, von dem die Empfindlichkeit der Methode einmal abhängig ist.

Analysenmethoden, welche die Messung von Radioaktivität zur Grundlage haben, vermögen im allgemeinen alle Anforderungen bezüglich Richtigkeit, Genauigkeit und Empfindlichkeit zu erfüllen. Die hier angegebenen Methoden [68, 106] könnten diesen

Tabelle 8
Konzentration von Corticosteroiden in peripherem menschlichem Plasma

	Methode	Literatur	17-Hydroxycorticosteroide (µg/100 ml)			Corticosteron	Cortisol
			freie	konjug.	Gesamt		
1	Silber u. Busch	[215]	6—25 (13,3±6,2)				
2	Kassenaar et al.	[214]	5—10 (6,5±1,5)				
3	Peterson et al.	[28]	6—25 (15±4,5)				
4	Eik-Nes	[207]	7—15				
5	Reddy et al.	[46]				28—78 (46)	
6	Kornel	[52]	7—21 (12,4)	6—24 (14,6)			
7	De Moor et al.	[33]	(21,9±4,76)*				
8	Silber et al.	[216]	(23,5±0,48)				
9	Ely et al.	[224]				2,0—5,2 (3,0±0,2)	5,0—16,4 (10,9±0,6)
10	Braunsberg u. James	[86]				0—0,6 (0,2)	6,0—16,6 (9,8)
11	Bondy et al.	[22]					(8,2±3,6)
12	Lewis	[32]				0—6 (1,2)	6—12 (9,2±1,5)
13	Berliner	[68]					(8,6±0,42)
14	Bojesen	[106]					6,3—20 (13,3)
15	Hübener u. Sahrholz	[254]					(12,2±7,2)

( ) = Mittelwerte. * = 11-Hydroxycorticosteroide.

Bedingungen entsprechen, wenn auch die Angaben über Zuverlässigkeit noch ausstehen. Immerhin besteht bei derartigen Methoden die Gefahr einer Verunreinigung durch andere, gleichzeitig reagierende Fremdstoffe, die nur durch ausgiebige Reinigung zu vermeiden ist.

Auch im Falle einer enzymatischen Umwandlung von 20-Ketosteroiden ist die Spezifität der Methode [253] noch nicht völlig geklärt. Die Empfindlichkeit des Verfahrens und die Zuverlässigkeit der erhaltenen Ergebnisse machen es jedoch zu einer vielversprechenden Bestimmungsmethode.

Die mit den einzelnen Methoden ermittelten Konzentrationen von Corticosteroiden im Plasma gesunder Versuchspersonen sind in der Tabelle 8 zusammengefaßt.

1. Bestimmung freier 17-Hydroxycorticosteroide in Plasma nach SILBER u. BUSCH [215]

Extraktion. 12 ml Plasma (oder mehr) werden der Reihe nach mit je 2,5 Vol Tetrachlorkohlenstoff und Petroläther (Kp 35 bis 75°C) extrahiert, indem man 15 sec schüttelt, zentrifugiert und die organische Lösungsmittelschicht verwirft. Anschließend werden 10 ml der Plasmaprobe mit 25 ml Methylenchlorid 20—30 sec geschüttelt. Man zentrifugiert, taucht das Zentrifugenglas kurz in ein Trockeneis-Lösungsmittelgemisch, bis die wäßrige Phase gefroren ist, und zentrifugiert erneut. Die Lösungsmittelschicht wird mittels Glasspritze in ein graduiertes Reagensglas übergeführt und bei 25 bis 30°C im Luftstrom fast bis zur Trockne eingedampft. Man wiederholt die Extraktion des Plasmas mit 10 ml Methylenchlorid und bringt das Volumen des Gesamtextraktes auf 10 ml.

Reinigung. Zur Entfernung störender Fremdstoffe wird der Extrakt mit 1 ml 0,1 n Natronlauge 15 sec geschüttelt, zentrifugiert und die Natronlauge vorsichtig abgesaugt und verworfen.

Farbreaktion. Je 4 ml des Methylenchloridextraktes werden in zwei kleinen Reagensgläsern mit 0,5 ml Phenylhydrazinreagens (65 mg Phenylhydrazinhydrochlorid in 150 ml Leerreagens) bzw. 0,5 ml Leerreagens (2 Vol 62% Schwefelsäure [v/v] + 1 Vol abs. Äthanol) 15 sec geschüttelt, zentrifugiert und die überstehenden Lösungen abgesaugt. Man läßt beide Reaktionslösungen sowie entsprechende Standardlösungen über Nacht bei Zimmertemperatur stehen, überführt sie in Mikrocuvetten und bestimmt die Absorption der Chromogene bei 410 mμ. An Hand der Absorption des Standards wird der Gehalt des Plasmaextraktes an freien 17-Hydroxycorticosteroiden ermittelt.

Ergebnisse

Nach Zusatz von 0,5 und 1,0 μg Cortisol zu jeweils 10 ml Sammelplasma konnten 92% bzw. 91% des zugefügten Steroids wiedergefunden werden. Bei Dreifachbestimmungen von 10 bzw. 5 ml betragenden Plasmaproben und entsprechenden Standardlösungen belief sich die Standardabweichung auf 1,6% bzw. 2,3%. Enthält das zu untersuchende Plasma etwa 20 μg 17-Hydroxycorticosteroide/100 ml, so genügen 2 ml Plasma für eine Bestimmung. Die Empfindlichkeit der Methode liegt bei etwa 0,2 μg. Hinsichtlich der Spezifität, die lediglich auf den verschiedenen Extraktionen und der Farbreaktion beruht, erscheint die Methode keineswegs auf die Bestimmung von Cortisol beschränkt, wie ursprünglich angegeben. Vielmehr werden mit ihr auch evtl. vorhandenes Cortison sowie andere polare 17-Hydroxycorticosteroide erfaßt. Die Anwesenheit von Aceton, Paraldehyd oder Gallenfarbstoffen stört bei der Bestimmung.

2. Bestimmung freier 17-Hydroxycorticosteroide in Plasma nach KASSENAAR et al. [214]

Extraktion. 20 ml heparinisiertes Plasma werden dreimal mit je 30 ml Chloroform extrahiert, wobei die Emulsionsbildung durch Schlagen im 100-ml-Zentrifugenglas [79] vermieden wird. Man dampft die vereinigten Auszüge im Vakuum zur Trockne ein.

Reinigung. Der Trockenrückstand wird in 3 ml 70% Methanol gelöst, in einen 50-ml-Scheidetrichter übergeführt und dreimal mit je 2 ml Toluol-Petroläther (1 : 1 v/v) (Kp 100—120°C) sowie zweimal mit je 2 ml Pentan ausgeschüttelt. Die wäßrige Methanollösung dampft man unter Stickstoff zur Trockne ein, nimmt den Rückstand in 10 ml Äthylacetat auf und extrahiert einmal mit 5% Natriumcarbonatlösung und einmal mit 0,5 n Salzsäure, gesättigt mit Natriumchlorid. Die Äthylacetatlösung wird unter Stickstoff zur Trockne eingedampft.

Farbreaktion. Der Rückstand wird in 0,3 ml Methanol gelöst, mit 2,6 ml 60% Schwefelsäure versetzt und 5 min bei 60°C erwärmt. Man kühlt sogleich ab, überführt die Lösung in entsprechende Cuvetten und mißt die Absorption im Beckman-Spektralphotometer zwischen 370 und 460 mμ in Abständen von jeweils 10 mμ. Anschließend wird der Inhalt der Cuvette wieder in das Reagenzglas übergeführt, mit 0,1 ml einer 96% Schwefelsäure versetzt, welche 165 mg Phenylhydrazinhydrochlorid/100 ml enthält, und 20 min bei 60°C erwärmt. Die Messung der Absorption erfolgt wie zuvor zwischen 370 und 460 mμ. Gleichzeitig wird ein Standard von 5 μg Cortisol in 0,3 ml Methanol, 2,6 ml 60% Schwefelsäure und 0,1 ml Phenylhydrazinreagens 20 min auf 60°C erwärmt und photometriert. Trägt man die Differenz der mit und ohne Phenylhydrazinreagens gemessenen Absorption in Abhängigkeit der Wellenlänge auf, so erhält man eine korrigierte Absorptionskurve. Die bei 410—420 mµ beobachtete maximale Absorption wird nach ALLEN [*143*] korrigiert und der Gehalt an 17-Hydroxycorticosteroiden an Hand der korrigierten Absorption des Standards errechnet, wobei jeweils die Absorption bei 380, 420 und 460 mµ benutzt wird.

Ergebnisse

Im Verlauf von 14 Wiederauffindungsversuchen mit 5 µg Cortisol, welche zu Plasmaproben zugesetzt wurden, ließen sich 80—104 % des zugegebenen Cortisols nachweisen (Mittel: 93 ± 8%). Angaben über die Empfindlichkeit der Methode wurden nicht gemacht, doch dürfte diese 1 µg kaum überschreiten. Die Spezifität der Methode beruht lediglich auf den verschiedenen Verteilungsverfahren und der Porter-Silber-Reaktion. Der Plasmaspiegel freier 17-Hydroxycorticosteroide betrug bei 21 gesunden Männern 5,0—9,5 µg/100 ml (Mittel: 6,8 ± 1,4 µg/100 ml) und bei 16 gesunden Frauen 4,7—10,2 µg/100 ml (Mittel: 6,2 ± 1,5 µg/100 ml).

3. Bestimmung freier 17-Hydroxycorticosteroide in Plasma nach PETERSON et al. [*28*]

Extraktion. 5 ml heparinisiertes Plasma werden im 200-ml-Erlenmeyerkolben mit 25 ml Methylenchlorid extrahiert, indem man den Kolben 5—10 min mechanisch rotiert. Das Gemisch wird vorsichtig in einen 25-ml-Meßzylinder übergeführt und die Plasmaschicht soweit wie möglich abgesaugt. Anschließend schüttelt man die Methylenchloridlösung mit 2 ml 0,1 n Natronlauge 15—20 sec, saugt die überstehende alkalische Lösung ab und gibt je 10 ml der Methylenchloridlösung in zwei konisch zulaufende 15-ml-Reagensgläser.

Farbreaktion. Zu einer der beiden Proben werden 0,2 ml Leerreagens (2 Vol 64% Schwefelsäure und 1 Vol abs. Äthanol), zur anderen 0,2 ml Phenylhydrazinreagens (50 mg reines Phenylhydrazinhydrochlorid in 50 ml Leerreagens) hinzugesetzt. Man schüttelt die verschlossenen Reagensgläser 15—20 sec, entfernt die überstehende Methylenchloridlösung und läßt die Proben 8 bis 24 Std bei Zimmertemperatur stehen, bevor man die Absorption bei 410 mµ im Spektralphotometer mißt. Als Leerwert dient ein entsprechend behandelter Methylenchloridextrakt von 5 ml Wasser, während der Standard aus dem Methylenchloridextrakt einer Lösung von 5 µg Cortison in 5 ml Wasser besteht. An Hand der Absorption des Standards läßt sich der Gehalt der Plasmaprobe an 17-Hydroxycorticosteroiden ermitteln.

Ergebnisse

Bei Wiederauffindungsversuchen mit 5 µg Cortisol in 5 ml Plasma konnten 95,5% des zugesetzten Cortisols nachgewiesen werden. Die Standardabweichung betrug bei einer Plasmakonzentration von 5 µg/100 ml ± 5%, bei einem Plasmaspiegel von 15 µg/100 ml jedoch nur ± 1,5%. Im Verlauf ähnlicher Untersuchungen wurden 25 Analysen eines Sammelplasmas im zeitlichen Abstand von jeweils einer Woche durchgeführt. Innerhalb dieses Zeitraums belief sich die Standardabweichung der Einzelwerte auf ± 7,5% der mit 13 µg/100 ml angegebenen Konzentration. Zur Prüfung der Spezifität des Verfahrens wurde 1 µg Cortisol-4-^{14}C (4600 I/min/µg) zu 15—20 ml Plasma zugesetzt und das Plasma wie beschrieben mit 5 Vol Methylenchlorid extrahiert. Nach papierchromatographischer Reinigung entsprach die durch Isotopenverdünnung ermittelte Cortisolkonzentration weitgehend den durch Porter-Silber-Reaktion erhaltenen Werten. Desgleichen zeigte die Fluorescenzanalyse des isolierten Materials sowie die Bildung von Derivaten durch Acetylierung und enzymatische Reduktion, daß die spezifische Radioaktivität der papierchromatographisch gereinigten Produkte zu Plasmakonzentrationen führte, welche höchstens ± 12% von den durch Porter-Silber-Reaktion gefundenen Werten abwichen.

Im Plasma von 50 Versuchspersonen bewegte sich die Konzentration der 17-Hydroxycorticosteroide zwischen 6 und 25 µg/100 ml (Mittel: 15 ± 4,5 µg/100 ml).

4. Bestimmung freier 17-Hydroxycorticosteroide in Plasma nach EIK-NES [207]

Extraktion. 1—4 ml Plasma, je nach dem zu erwartenden Gehalt an 17-Hydroxycorticosteroiden, werden mit Wasser auf 10 ml verdünnt und dreimal mit je 15 ml Methylenchlorid extrahiert. Man engt die vereinigten Extrakte in einem mit (Glasstopfen versehenen) Zentrifugenglas bis auf etwa 30—40 ml bei maximal 50°C ein, schüttelt 2 min mit 2,0 ml 0,1 n Natronlauge und zentrifugiert. Die Methylenchloridschicht wird vorsichtig in ein zweites Zentrifugenglas übergeführt und bei 50°C im Luftstrom zur Trockne eingedampft.

Lösungsmittelverteilung. Den Rückstand nimmt man in 3 ml Benzol auf, fügt 6 ml Wasser hinzu und schüttelt rund 100mal. Nach 5 min Zentrifugieren bei etwa 450 U/min wird die wäßrige Schicht vorsichtig in ein 100-ml-Zentrifugenglas übergeführt, das dabei benutzte Gerät mit Wasser aus einer 30-ml-Spritze abgespült und die Lösungsmittelverteilung mit der gleichen Menge Wasser noch dreimal wiederholt. Anschließend extrahiert man die vereinigten wäßrigen Lösungen dreimal mit je 10 ml Methylenchlorid und filtriert die vereinigten Auszüge durch ein mit wasserfreiem Natriumsulfat gefülltes Filter.

Farbreaktion. Zu der in einem konisch zulaufenden Zentrifugenglas enthaltenen Methylenchloridlösung werden 0,3 ml Phenylhydrazinreagens (10 mg rekristallisiertes Phenylhydrazinhydrochlorid in abs. Äthanol-73% Schwefelsäure (1:2 v/v)) gegeben. Man schüttelt kräftig für 2 min, zentrifugiert 10 min und saugt die überstehende Methylenchloridschicht ab. Die Reaktionslösung wird 1 Std bei 60°C bebrütet und nach Abkühlen sogleich bei 370, 390, 410, 430 und 450 mμ photometriert. Der nach vorstehender Methode gewonnene Extrakt von 10 ml Wasser dient bei der Farbreaktion als Leerwert. Man ermittelt den Gehalt der Plasmaprobe an 17-Hydroxycorticosteroiden an Hand der korrigierten Absorption von 0,5 μg Cortisol, welche in 10 ml Wasser gelöst und wie beschrieben aufgearbeitet werden. Zur Korrektur verwendet man folgende Formel:

$$\text{Abs.}_{410\ corr} = 2 \times \text{Abs.}_{410} - \text{Abs.}_{370} - \text{Abs.}_{450}$$

Ergebnisse

Bei Wiederauffindungsversuchen konnten 94—100% zugesetzten Cortisols (0,1—1,6 μg) in den endgültigen Extrakten nachgewiesen werden. Wie Mehrfachbestimmungen, z. T. unter Verwendung verschiedener Volumina des gleichen Plasmas, ergaben, kann auch die Genauigkeit der Methode als zufriedenstellend bezeichnet werden. Die maximale Abweichung vom Mittelwert betrug 4%. Die Empfindlichkeit der Methode dürfte bei 0,1 μg liegen. Ihre Spezifität wurde gegenüber der ursprünglichen Methode von SILBER u. PORTER durch Einführung der Lösungsmittelverteilung erhöht.

Untersuchungen von Normalplasma, welches gesunden Versuchspersonen im Alter von 20—50 Jahren zwischen 9 und 14 Uhr entnommen wurde, brachten Werte zwischen 7 und 15 μg/100 ml, während Werte von mehr als 18 oder 20 μg/100 ml als pathologisch anzusehen sind.

5. Bestimmung der gesamten *17*-Hydroxycorticosteroide in Plasma nach REDDY et al. [*46*]

Extraktion. 10 ml heparinisiertes Plasma werden in einem 25-ml-Zentrifugenglas, welches mit Schliffstopfen versehen ist, der Reihe nach mit 5 ml 10% Zinksulfatlösung und 5 ml 0,5 n Natronlauge versetzt. Nach gründlichem Durchmischen zentrifugiert man 30 min bei 3000 U/min, dekantiert die überstehende Lösung in ein zweites 25-ml-Zentrifugenglas und stellt den p_H durch tropfenweise Zugabe von 50% Schwefelsäure auf etwa 1 (Indicatorpapier!). Nun werden 2,5—3,0 g wasserfreies Natriumsulfat hinzugesetzt sowie 10 ml n-Butanol. Man schüttelt 5 min, zentrifugiert 5 min bei 2500 U/min und überführt den Butanolextrakt mittels Capillarpipette in ein weiteres Zentrifugenglas. Im Anschluß an die Zugabe von 0,25 g wasserfreiem Natriumcarbonat wird gründlich geschüttelt, nach 5 min Stehen für 5 min bei 2500 U/min zentrifugiert und der Butanolextrakt in ein Reagensglas dekantiert. Jeweils 4 ml des Extraktes werden in zwei 25-ml-Erlenmeyerkolben bei 90—95°C zur Trockne eingedampft (= A und B).

Farbreaktion. Zu Trockenextrakt A gibt man 0,8 ml Phenylhydrazinreagens (4 Vol einer Lösung von 65 mg Phenylhydrazinhydrochlorid in 100 ml 22 n Schwefelsäure + 1 Vol Äthanol), zu Trockenextrakt B 0,8 ml eines Gemisches von 4 Vol 22 n Schwefelsäure (380 ml Wasser + 620 ml konz. Schwefelsäure, nach Abkühlen auf 1000 ml auffüllen), löst den Rückstand durch Umschwenken und überführt die Lösung in Reagensgläser. Gleichzeitig werden entsprechende Leerextrakte und Standardlösungen angesetzt. Nach 20 min bei 60°C werden sämtliche Lösungen 3 min in kaltem Wasser abgekühlt, in Mikrocuvetten übergeführt und im Spektralphotometer (Beckman DU) bei 410 mμ photometriert. Aus der Absorption des Standards kann der Gehalt der Plasmaprobe an 17-Hydroxycorticosteroiden errechnet werden.

Ergebnisse

Für den Fall, daß freie 17-Hydroxycorticosteroide neben conjugierten 17-Hydroxycorticosteroiden bestimmt werden sollen, extrahiert man zunächst das heparinisierte Plasma mit einem passenden Lösungsmittel, wie Methylenchlorid oder Chloroform, und behandelt es dann wie oben angegeben. Im Verlaufe von Wiederauffindungsversuchen mit 5—20 μg Cortison in jeweils 5 ml Plasma konnten 94—110% der zugesetzten Menge nachgewiesen werden. Wiederauffindungsversuche mit entsprechenden Conjugaten aus Harnextrakten in 10 ml Plasma zeigten, daß 92—106% der zugesetzten Conjugate quantitativ erfaßbar waren. Die maximale Abweichung der gefundenen Einzelwerte vom Mittelwert betrug hierbei 6%. Hinsichtlich der Spezifität vorstehender Methode war eine Übereinstimmung der Absorptionskurve von Plasmachromogen und Standardchromogen nach Farbreaktion zu erkennen.

Durch Papierchromatographie eines mit β-Glucuronidase bebrüteten Plasmaextraktes konnte Tetrahydrocortison in der conjugierten Fraktion als Hauptbestandteil festgestellt werden. Im Plasma gesunder Versuchspersonen fanden sich um 8 Uhr 30 zwischen 28 und 78 μg 17-Hydroxycorticosteroide/100 ml (Mittel: 46 μg/100 ml), um 17 Uhr dagegen 15—19 μg/100 ml (Mittel: 18 μg/100 ml).

6. Bestimmung von freien und conjugierten 17-Hydroxycorticosteroiden in Plasma nach Kornel [52]

A. Freie 17-Hydroxycorticosteroide

Extraktion. 10 ml heparinisiertes Plasma (0,2 ml Heparin = 100 E/20 ml Blut) werden in einem mit Glasstopfen versehenen 80—90 ml-Zentrifugenglas 30 sec mit 50 ml Chloroform geschüttelt. Man zentrifugiert 15 min bei 2500 U/min, überführt den Extrakt in ein zweites Zentrifugenglas und gibt 2 ml n-Butanol hinzu. Nach 30 min bei 0—4°C werden 0,6 g wasserfreies Natriumcarbonat hinzugefügt. Anschließend schüttelt man 20 sec, zentrifugiert 10 min bei 2500 U/min und dekantiert den Extrakt in einen Meßzylinder von 50 ml Fassungsvermögen.

Farbreaktion. Je eine Hälfte des gewonnenen Extraktes wird in ein 40-ml-Zentrifugenglas übergeführt, mit 2 ml Phenylhydrazinreagens (65 mg rekristallisiertes Phenylhydrazinhydrochlorid in 100 ml 62% Schwefelsäure) bzw. 2 ml 62% Schwefelsäure versetzt und nach 15 sec Schütteln sowie 30 min Stehen bei Zimmertemperatur kurz zentrifugiert. Die überstehende Chloroformlösung saugt man vorsichtig ab, bebrütet das Reaktionsgemisch 40 min bei 60°C oder über Nacht bei Zimmertemperatur unter Lichtausschluß und mißt die Absorption bei 410 mμ. Zur Ermittlung der Konzentration an 17-Hydroxycorticosteroiden werden zweimal je 5 und 10 μg Cortisol als Standard in 1 ml n-Butanol gelöst, mit 25 ml Chloroform versetzt und schließlich, wie beschrieben, mit 2 ml Phenylhydrazinreagens bzw. Schwefelsäure extrahiert und photometriert. Als Leerwert dienen hierbei zwei Lösungen von je 1 ml n-Butanol und 25 ml Chloroform, welche gleichermaßen mit 2 ml der entsprechenden Reagentien zu behandeln sind.

B. Conjugierte 17-Hydroxycorticosteroide

Extraktion. Das gemäß obiger Vorschrift zurückbleibende Plasma wird unter ständigem Schütteln mit 20 ml Methanol versetzt und im verschlossenen Zentrifugenglas gründlich gemischt. Im Anschluß an die Zugabe von 40 ml Tetrachlorkohlenstoff schüttelt man 45 sec, zentrifugiert nach 20 min Stehen für 15 min bei

2500 U/min und dekantiert die wäßrig-alkoholische Lösung in ein zweites 80 ml-Zentrifugenglas. Diese Lösung wird nun durch Zugabe von etwa 25 Tropfen 2 m Acetatpuffer von p_H 4,5 auf einen p_H von 4,5—5,0 gebracht (Indicatorpapier) und zweimal mit je 40 ml n-Hexan extrahiert, wobei jedesmal 30 sec geschüttelt und 8 min bei 2500 U/min zentrifugiert wird. Zu der in ein drittes 40—50-ml-Zentrifugenglas übergeführten methanolischen Lösung gibt man 10 ml redestilliertes Äthanol und 0,2 ml 40% wäßrige Bariumacetatlösung, schüttelt um und kühlt 30 min im Eisschrank. Nach 10 min Zentrifugieren bei 2500 U/min wird die überstehende Lösung in einen 150-ml-Rundkolben übergeführt und bei 45°C im Vakuum zur vollständigen Trockne eingedampft. Man nimmt den Rückstand in 4 ml Wasser auf, stellt den p_H mit 25% Schwefelsäure auf etwa 1 und gibt nach 15 min 3,5—4,0 g wasserfreies Ammoniumsulfat hinzu. Zur Extraktion der conjugierten Steroide werden 4 ml n-Butanol und 40 ml Chloroform hinzugefügt, mit der wäßrigen Phase durch 3 min Schütteln gründlich vermischt und sogleich in ein 40—50-ml-Zentrifugenglas übergeführt. Die Chloroform-Butanolschicht wird im Anschluß an 10 min Zentrifugieren vorsichtig abgetrennt und durch ein Papierfilter Whatman Nr. 1 (9 cm Durchmesser) in einen 50-ml-Meßzylinder filtriert.

Farbreaktion. Je eine Hälfte des erhaltenen Extraktes wird mit 10 ml Chloroform sowie 4 ml Phenylhydrazinreagens bzw. 62% Schwefelsäure versetzt, 15 sec geschüttelt und wie bei den freien 17-Hydroxycorticosteroiden weiterbehandelt. Die Inkubationszeit beträgt jedoch entweder 45 min bei 60°C oder 36 Std bei Zimmertemperatur. Standard und Leerwert erhält man, indem man 2 ml Butanol mit und ohne Cortisol mit 30 ml Chloroform versetzt, mit Phenylhydrazinreagens oder Schwefelsäure extrahiert und wie erwähnt aufarbeitet.

C. Glucuronoside

Enzymatische Hydrolyse. Sollen statt der gesamten 17-Hydroxycorticosteroidconjugate nur die Glucuronoside bestimmt werden, so genügt ein Enteiweißen mittels Methanol und Verteilung der methanolischen Schicht mit Hexan, wie oben beschrieben. Die methanolische Lösung dampft man dann im Vakuum zur Trockne ein, nimmt in 10 ml Wasser auf und bebrütet die mit Acetatpuffer auf p_H 4,5 gestellte Lösung 46 Std bei 37°C mit 10000 E. β-Glucuronidase (= 2 ml „Ketodase", Warner-Chilcott Comp., New Jersey N. J., USA). Zuletzt wird die Lösung mit 2 ml n-Butanol versetzt, mit 5 Vol Chloroform extrahiert und der Extrakt wie schon erwähnt aufgearbeitet.

Ergebnisse

Wiederauffindungsversuche mit freiem Cortisol sowie einem gereinigten Butanolextrakt aus Harn zeigten, daß 94—100% der freien 17-Hydroxycorticosteroide und 86—98% der 17-Hydroxycorticosteroidconjugate wiedergefunden werden können. Bei 38 Doppel- und 16 Vierfachbestimmungen betrug die Standardabweichung 2,3 bzw. 3,0% für freie und 5,9 bzw. 5,0% für conjugierte 17-Hydroxycorticosteroide. Die Plasmakonzentration freier und conjugierter 17-Hydroxycorticosteroide bewegte sich bei 18 gesunden Versuchspersonen im Alter von 22—60 Jahren zwischen 7,4 und 21,0 μg/100 ml bzw. 6,0 und 24,0 μg/100 ml (Mittel: 12,4 bzw. 14,6 μg/100 ml).

7. Fluorometrische Bestimmung freier 11-Hydroxycorticosteroide in Plasma nach DE MOOR et al. [*33*]

Extraktion. 1—8 ml Plasma, vorzugsweise jedoch 2 ml, werden gegebenenfalls mit Wasser auf ein Gesamtvolumen von 2, 4 oder 8 ml aufgefüllt und 30 sec mit 3 Vol Petroläther gründlich geschüttelt. 0,75 Vol der ursprünglichen Plasmaprobe (1,5, 3 oder 6 ml) lassen sich leicht abtrennen und werden mit Wasser auf 7,5 ml aufgefüllt. Nun extrahiert man einmal mit 15 ml Methylenchlorid durch vorsichtiges Umdrehen der mit Glasstopfen versehenen Zentrifugengläser, zentrifugiert und entnimmt mittels einer Spritze 12 ml der Methylenchloridlösung. Dieser Extrakt wird 15 sec mit 1 ml 0,1 n Natronlauge geschüttelt und kann nach Entfernen der alkalischen Lösung für 24 Std bei 4°C aufbewahrt werden.

Fluorometrie. 10 ml des Methylenchloridextraktes werden mit 2,0 oder 2,5 ml Äthanol-Schwefelsäurereagens (1 Vol Äthanol + 3 Vol konz. Schwefelsäure) 15 sec geschüttelt. Man saugt die Methylenchloridschicht ab, läßt die wäßrig-saure Lösung 5 min stehen und mißt sogleich die Fluorescenz der Lösung im Eppendorf Fluorescenzzusatz unter Verwendung eines Primärfilters mit maximaler Durchlässigkeit bei 436 mμ und eines Sekundärfilter mit maximaler Durchlässigkeit bei 500—3000 mμ. Zur Erzielung optimaler Bedingungen kann an Stelle des Eppendorf-Fluorescenzzusatzes ein Photovolt-Fluorometer (New York) mit günstigerem Primärfilter (max. Durchlässigkeit: 470 mμ) und Sekundärfilter (max. Durchlässigkeit: 510—600 mμ) eingesetzt werden. Die Herstellung von Reagentienleerwert und Standard erfolgt durch Extraktion von 2—4 oder 8 ml Wasser mit und ohne Zusatz von 0,5, 1,0 und 1,5 μg Cortisol und Aufarbeitung gemäß obiger Vorschrift.

Um unspezifische Fluorescenz möglichst zu vermeiden, sollte die Reaktionszeit unbedingt eingehalten werden.

Ergebnisse

Von 0,125, 0,250 und 0,500 µg Cortisol in 1 oder 2 ml Plasma wurden 96,5—107,3% (Mittel: 101,4%) wiedergefunden. Die Genauigkeit der Methode geht aus den Ergebnissen einer großen Anzahl von Doppelbestimmungen hervor: bei 170 Doppelbestimmungen von 1 ml Plasma (nach Vorreinigung) betrug die Konzentration der 11-Hydroxycorticosteroide in 100 ml Plasma 23,7 µg $\pm$ 1,3—5,6%. Im Bereich niedrigster Plasmaspiegel (Mittel von 10 Doppelbestimmungen in 0,5/1,0 ml Plasma: 5,6 µg/100 ml, gegenüber 40 Doppelbestimmungen in 1,0 ml Plasma: 5,8 µg/100 ml) belief sich die Abweichung der Doppelwerte auf 0,9—15,7% bzw. 0,9—15,4%. Durch Messung der Fluorescenz im Photovolt-Fluorometer ließ sich die Genauigkeit beträchtlich steigern. 45 Doppelbestimmungen von je 1 ml vorgereinigtem Plasma ergaben eine Standardabweichung von 0,47—9,2% bei einem Mittel von 5,1 µg/100 ml, also im Bereich niedrigster Plasmakonzentrationen der zu erfassenden Steroide. Die kleinste von 0 unterscheidbare Konzentration wurde für das Eppendorf-Photometer mit 1,43 µg/100 ml, für das Photovolt-Fluorometer mit 0,94 µg/100 ml angegeben. Die Prüfung der Spezifität vorliegender Methode zeigte, daß unter den erwähnten Bedingungen praktisch nur Cortisol, Corticosteron und 4-Pregnen-11 β, 17 α, 20 β, 21-tetrol-3-on zur Fluorescenz beitragen (rund 85% der gemessenen Fluorescenz). Die Restfluorescenz von 3 µg/100 ml Plasma stellt nur 13,6% der Gesamtfluorescenz dar gegenüber einer Restfluorescenz von 33%, wie sie von SILBER et al. [*216*], sowie GUILLEMIN et al. [*249*] im Plasma adrenalektomierter Ratten beobachtet worden war. Plasmaspiegel gesunder Versuchspersonen sind in der Tabelle 9 aufgeführt.

Tabelle 9. *Konzentration von 11-Hydroxy-corticosteroiden im Plasma gesunder Versuchspersonen [Mittel]*

Alter	Männer		Frauen	
	Zahl der Untersuchungen	µg/100 ml	Zahl der Untersuchungen	µg/100 ml
0—14	20	19,6	16	20,3
15—24	14	22,1	9	20,6
25—39	23	18,4	20	23,0
40—59	55	21,4	22	21,5
60	24	24,4	13	24,5

Die gefundenen Werte stimmen mit den Angaben von SILBER et al. [*216*] überein, wenn man berücksichtigt, daß vorliegende Methode Corticosteron miterfaßt, wodurch die mittlere Konzentration von 21,9 ± 4,76 µg/100 ml im Plasma 15—60 Jahre alter Versuchspersonen vergleichsweise um etwa 1,0 µg (= 2,0 µg Corticosteron/ 100 ml) gesenkt würde.

8. **Fluorometrische Bestimmung von freiem Cortisol in Plasma nach SILBER et al. [*216*]**

Extraktion und Reinigung. 0,5—2 ml Plasma werden mit 3 Vol i-Octan 30 sec kräftig geschüttelt, zentrifugiert und die überstehende organische Phase verworfen. 0,2—1,0 ml des so behandelten Plasmas werden mit Wasser auf 5 ml aufgefüllt und mit 15 ml Methylenchlorid 30 sec geschüttelt. Nach Zentrifugieren saugt man die wäßrige Plasmaschicht vorsichtig ab, gibt 1 ml 0,1 n Natronlauge hinzu und schüttelt 10—15 sec. Das Gemisch wird zentrifugiert und die alkalische Lösung abgesaugt. 10 ml der Methylenchloridlösung überführt man sodann in ein Zentrifugenglas, welches 2 ml 30 n Schwefelsäure enthält.

Fluorometrische Bestimmung. Das mit Plastikstopfen verschlossene Zentrifugenglas wird 30 sec geschüttelt. Man lüftet vorsichtig den unter Druck stehenden Stopfen, zentrifugiert 1—2 min und saugt die überstehende Methylenchloridlösung ab. Nach 30—90 min bei Zimmertemperatur wird die Fluorescenz der schwefelsauren Lösung im Spektralfluorometer (Aminco-Bowman o. a.) gemessen. Die Anregung erfolgt bei 470 mµ, während die Fluorescenz bei 530 mµ unter Verwendung eines geeigneten Filters zur Vermeidung von Streustrahlen (Wratten-K-2—8 Filter) bestimmt wird. Leerwert und Standard werden entsprechend der vorangehenden Vorschrift durch Extraktion wäßriger Lösungen erhalten und gleichfalls einer fluorometrischen Bestimmung unterworfen, wobei die Fluorescenzintensität des Standards (0,1—0,5 µg Corticosteron) auf rund 80 Skalenteile festzulegen ist. Die Fluorescenzintensität von Plasmaextrakt und Leerwert kann somit in Bruchteilen der für den Standard ermittelten Fluorescenz angegeben werden, so daß die im Plasmaextrakt enthaltene Steroidkonzentration sich leicht errechnen läßt. Anstatt durch Einpunktbestimmung bei 530 mµ sollte die Fluorescenzmessung vorteilhaft durch Aufnahme des Emissionsspektrums zwischen 500 und 560 mµ durchgeführt werden.

Ergebnisse

Im Verlauf von Wiederauffindungsversuchen mit 0,1 und 0,4 µg Corticosteron in 0,2 bzw. 1,0 ml Rattenplasma konnten 107 bzw. 101% des zugesetzten Steroids wiedergefunden werden. Die Standardabweichung betrug bei den Vierfachbestimmungen ± 1%, während die im ursprünglichen Plasma beobachteten Konzentrationen von 0,083 ± 0,007 bzw. 0,423 ± 0,002 μg Corticosteron eine Standardabweichung von ± 8% bzw. 0,5% erkennen lassen. Vierfachbestimmungen von Cortisol in 1—2 ml menschlichen Plasmas ergaben eine Konzentration von 23,5 ± 0,48 μg/100 ml. Die gleichzeitige Analyse von 17-Hydroxycorticosteroiden mittels der Porter-Silber-Reaktion führte zur Feststellung einer Konzentration von 18 μg/100 ml. Da die Fluorescenzintensität von Corticosteron, die des Cortisols um das Dreifache übertrifft, wurde aus der Differenz beider Werte die im Plasma enthaltene Corticosteronkonzentration mit 5,5:3 = 1,8 μg/100 ml errechnet.

Obgleich die Spezifität der beschriebenen Methode zugegebenermaßen viele Wünsche offen läßt, so ermöglicht sie doch eine einfache und schnelle Erfassung von Cortisolkonzentrationen in solchen Fällen, wo nur wenig Plasma zur Verfügung steht oder mehrfache Bestimmungen erwünscht sind, wie etwa bei Stimulierung der NNR-Funktion durch ACTH.

16 Plasmaanalysen von Cortisol vor und 2 Std nach i. m. Injektion von 40 IE ACTH erbrachten eine mittlere Konzentration von 23 μg bzw. 59 μg/100 ml.

9. Fluorometrische Bestimmung von freiem Cortisol und Corticosteron in Plasma nach ELY et al. [224]

Extraktion. 5 ml heparinisiertes Plasma werden in einem 20-ml-Zentrifugenglas der Reihe nach zweimal mit je 10 ml und einmal 5 ml Äthylacetat extrahiert, indem man 30 sec schüttelt, 5 min bei 3000 U/min zentrifugiert und den Extrakt in einen 25-ml-Rundkolben dekantiert. Die vereinigten Auszüge werden bei 50°C im Vakuum zur Trockne eingedampft.

Chromatographie an Florisil. Die Zubereitung der Säule erfolgt gemäß der von SWEAT [82] angegebenen Vorschrift: Zunächst füllt man eine 5 mm hohe Schicht Glaspulver ein. Die Teilchengröße soll zunächst 20—30 mesh, dann 30—40 und 40—50 mesh betragen. Jedesmal wird dabei mit Chloroform gespült. Nach Trocknen werden 1,5 g Florisil (Floridin Corp., 60—100 mesh, behandelt nach NELSON u. SAMUELS [79]) unter leichtem Klopfen mit einem gummiüberzogenen Glasstab eingetragen, bevor man die Säule mit einer 2 mm hohen Glaspulverschicht (20—30 mesh) abschließt. Der in 0,5 ml Chloroform gelöste Trockenrückstand des Plasmaextraktes wird auf die mit 5 ml Chloroform eluierte Säule gebracht. Man wäscht zweimal mit je 0,5 ml Chloroform nach, spült die Säule zunächst mit 10 ml Chloroform und eluiert dann mit 10 ml 2% Methanol in Chloroform und 20 ml 25% Methanol in Chloroform. Letzteres Eluat enthält Corticosteron und Cortisol und wird im 25 ml-Rundkolben zur Trockne eingedampft.

Chromatographie an Silicagel. Bei der Herstellung der Säule verfährt man wie oben, gibt jedoch statt Florisil eine Aufschwemmung von 0,5 g Silicagel (Davison Chemical Corporation, 200 mesh, gewaschen und aktiviert nach SWEAT [*82*]) in 5 ml Chloroform auf die Glasschicht, spült mehrmals mit Chloroform nach und wäscht mit 10 ml Äther-Aceton (1:1 v/v), sowie zweimal mit je 10 ml Chloroform. Anschließend wird der in 0,5 ml Chloroform aufgenommene Trockenrückstand des vorgereinigten Plasmaextraktes nach 15 min Stehens auf die Säule gebracht und mit Chloroform nachgespült. Zur Elution benutzt man der Reihe nach:

20 ml Chloroform . . . . Fraktion 0
5 ml Chloroform . . . . Fraktion 1
5 ml 0,5% Methanol in Chloroform . Fraktion 2
5 ml 1,0% Methanol in Chloroform . Fraktion 3
20 ml 1,0% Methanol in Chloroform . Fraktion 4
5 ml 1,0% Methanol in Chloroform . Fraktion 5
15 ml 5,0% Methanol in Chloroform . Fraktion 6
10 ml 5,0% Methanol in Chloroform . Fraktion 7

Sämtliche Eluate werden in 25-ml-Rundkolben zur Trockne eingedampft.

Fluorometrie. Der Trockenrückstand von Fraktion 1—5 wird in 0,2 ml Methanol, der von Fraktion 6 und 7 in 0,1 ml Methanol sowie je 1,0 ml konz. Schwefelsäure vollkommen gelöst, indem man zunächst Methanol hinzugibt, 1 min mechanisch schüttelt (Kahn-Schüttelapparatur), die Schwefelsäure zusetzt und erneut 3 min schüttelt. Als Vergleichslösung dienen zweimal je 0,25, 0,5 und 1,0 μg Corticosteronstandard in 0,2 ml Methanol und 1,0 ml konz. Schwefelsäure und die entsprechenden Mengen Cortisolstandard in 0,1 ml Methanol und 1,0 ml Schwefelsäure. Desgleichen werden je zwei Leerwerte aus 0,2 bzw. 0,1 ml Methanol und 1,0 ml Schwefelsäure hergestellt. Die Anregung der Fluorescenz erfolgt bei 480 mμ (Beckman-B-Spektralphotometer), die Messung der Fluorescenz im Farrand-1040-Fluorometer mit Wratten-Gelatine-Filter Nr. 7 und 16 (Maximale Durchlässigkeit: 520—580 mμ) bei etwa 540 mμ. Die Fluorescenz der Fraktionen 1—5 wird gegen den Corticosteronstandard (1 μg entspricht 100 E der Galvanometerskala), die der Fraktionen 6 und 7 gegen den Cortisolstandard. An Hand einer täglich aufzustellenden Eichkurve beider Steroide läßt sich die in

Fraktion 4 enthaltene Konzentration an Corticosteron und die in Fraktion 6 befindliche Menge Cortisol ermitteln.

Ergebnisse

Bei Wiederauffindungsversuchen von Corticosteron und Cortisol in physiologischer Kochsalzlösung oder Plasma konnten 60—80% bzw. 50—70% beider Steroide in den betreffenden Fraktionen fluorometrisch nachgewiesen werden. Die in Plasmafraktionen 4 und 6 beobachtete maximale Fluorescenz entsprach den bei Chromatographie von Standardmaterial erhaltenen Ergebnissen, was als Hinweis auf die Identität der analysierten Verbindungen angesehen werden darf. Die Empfindlichkeit der Methode wurde nicht angegeben, sollte aber bei etwa 0,1 µg/Plasmaprobe liegen. Des weiteren fehlen Angaben über die Genauigkeit erhaltener Ergebnisse.

Im Plasma gesunder, junger Männer fanden sich zwischen 2,0 und 5,2 µg Corticosteron (Mittel: 3,0 ± 0,2) und 5,0—16,4 µg Cortisol (Mittel: 10,9 ± 0,6) pro 100 ml (n = 20).

10. Bestimmung von freiem Cortisol und Corticosteron in Plasma nach BRAUNSBERG u. JAMES [86]

Extraktion. 10 ml heparinisiertes Plasma (10 E Heparin/ml Blut) werden in einem kleinen Spitzkölbchen mit 0,25 ml 1 n Natronlauge versetzt (bei weniger Plasma füllt man mit Wasser auf 10 ml auf und verwendet weniger Natronlauge) und anschließend in einen 100-ml-Scheidetrichter übergeführt. Man spült das Kölbchen mit 30 ml Äthylacetat aus, schüttelt das Plasma mit der Äthylacetatlösung gründlich durch und trennt nach 10 min die Unterschicht ab. Durch leichtes Drehen des Scheidetrichters gelingt es, evtl. zurückgebliebene Emulsion zu brechen. Das Plasma wird ein zweites Mal mit 30 ml Äthylacetat extrahiert, bevor man die vereinigten Extrakte mit 5 ml Wasser wäscht und in einem 500 ml-Rundkolben im Rotationsverdampfer bei 45°C zur Trockne eindampft.

Chromatographie an Silicagel. Zur ersten chromatographischen Reinigung bereitet man sich eine Säule aus 2 g Silicagel (Davison Chemical Corp., Baltimore, USA, 60—200 mesh) in Petroläther (Kp 60—80°C) und einer etwa 0,5 cm hohen oberen Schutzschicht aus Silbersand (Britisch Drug House; mit Säure gereinigt und mit Äthylacetat und Methanol gewaschen). Die Säule (1 cm Durchmesser) wird zunächst mit 15 ml Äthylacetat-Methanol (1:1 v/v) und dann mit 20 ml Äthylacetat-Petroläther (1:1 v/v) gewaschen, wobei die infolge Erwärmens auftretende Blasenbildung durch Überdruck zu vermeiden ist. Man löst den Trockenrückstand des Plasmaextraktes in 2 ml Äthylacetat, gibt 2 ml Petroläther hinzu und bringt die Lösung auf die Säule. Dieser Vorgang wird noch viermal wiederholt, bevor man die Steroide mittels 10 ml Äthylacetat-Methanol (1:1 v/v) eluiert und diese Fraktion im 50-ml-Kolben bei 45°C im Vakuum zur Trockne eindampft. Der Trockenrückstand wird bis zur Verteilungschromatographie im Vakuumexsiccator bei 4°C aufbewahrt.

Verteilungschromatographie an Celite. Die zur Verteilungschromatographie benutzte Säule (Durchmesser: 1 cm; Höhe: 4,3 bis 5,0 cm) aus 1,25 g Celite 535 (Johns Manville; 3—4 mal mit heißer konz. Salzsäure und anschließend mit Wasser bis zur neutralen Reaktion waschen, bei 110°C trocknen, im Soxhlet je 20 Std mit Petroläther, Benzol und Methanol extrahieren und schließlich bei 110°C trocknen) und 1 ml Methanol-Wasser (4:1 v/v), mit Petroläther equilibriert, wird in Petroläther hergestellt. Man löst den Plasmaextrakt in 0,5 ml eines insgesamt 50 ml betragenden, mit Methanol-Wasser (4:1 v/v) equilibrierten Lösungsmittelgemischs aus Benzol-Petroläther (7:13 v/v), trägt die Lösung auf die Säule, wiederholt den Vorgang noch viermal und eluiert mit dem restlichen Lösungsmittel, wobei sodann 15 Fraktionen von 3 ml aufgefangen werden. Die Eluate enthalten Corticosteron und andere Steroide von ähnlicher Polarität. Zur Elution von Cortisol verwendet man in gleicher Weise 50 ml Benzol-Petroläther (7:3 v/v), von denen viermal je 0,5 ml zum Spülen des Kolbens benutzt werden. Die bei 21—23°C und einer Tropfgeschwindigkeit von 0,4 bis 0,6 ml/min insgesamt erhaltenen 30 Fraktionen von je 3 ml werden bei 45°C unter Stickstoff zur Trockne eingedampft. Bei Routineanalysen genügt es, die Corticosteron und Cortisol enthaltenden Fraktionen 7—15 bzw. 20—28 weiter aufzuarbeiten.

Fluorometrie. Der Trockenrückstand aller Corticosteron enthaltenden Fraktionen 1—15 bzw. 7—15 wird in jeweils 1,5 ml Äthanol-Schwefelsäure (4:6 v/v) gelöst und 20 min bei 45°C erwärmt. Für die Cortisolfraktionen 15—30 bzw. 20—28 wird dagegen eine Reaktionszeit von 30 min benötigt. Neben zwei Reagentienleerwerten setzt man gleichzeitig jeweils drei Standardlösungen in zweifacher Ausführung mit je 0,025, 0,05 und 0,1 μg Corticosteron bzw. 0,15, 0,26, und 0,37 μg Cortisol an. Die Fluorescenz wird im Aminco-Bowman-Spektralfluorometer gemessen, wobei die Anregung bei 470 mμ, die Messung bei 530 mμ erfolgt.

An Hand der Fluorescenz der Standardlösungen läßt sich der Gehalt einzelner Fraktionen an Corticosteroid ermitteln.

Ergebnisse

In ausgedehnten Wiederauffindungsversuchen, welche auch einzelne Schritte einbeziehen, konnten von 0,31—1,25 µg Cortisol und 0,05—0,49 µg Corticosteron in 7—10 ml Plasma 51—91% bzw. 54—91% (Mittel: 80% Cortisol und 72% Corticosteron) wiedergefunden werden. Die Ausbeute verringerte sich um 28—55%, wenn die zugesetzten Steroide in Methanol statt in Wasser gelöst waren. Verluste bei Chromatographie an Silicagel beliefen sich auf etwa 10%, bei Verteilungschromatographie an Celite 535 auf rund 13%. Die maximale Abweichung betrug bei 7 Doppelbestimmungen $\pm$ 11%. Die Empfindlichkeit der Methode liegt bei etwa 3 µg Cortisol/100 ml, obgleich 1—2 µg Cortisol/100 ml noch nachgewiesen werden können. Die normalerweise im Plasma anzutreffenden Konzentrationen von Corticosteron sind zu niedrig, als daß eine einwandfreie quantitative Bestimmung möglich wäre. Zwar gelingt der Nachweis von 0,25 µg Corticosteron/100 ml, doch verhindert die Verteilung dieser Konzentration auf mehrere Fraktionen eine genaue Messung. Mengen von 0,5 µg Corticosteron/100 ml konnten dagegen quantitativ erfaßt werden. Hinsichtlich der Spezifität der entwickelten Methode konnte an Hand von Papierchromatographie und verschiedenen Farbreaktionen gezeigt werden, daß das in den Fraktionen 20—28 gemessene Corticosteroid mit Cortisol identisch ist.

Die im Plasma von 13 gesunden Versuchspersonen im Alter von 18—51 Jahren (7 Männer, 6 Frauen) beobachteten Konzentrationen bewegten sich zwischen 6,0 und 16,6 µg Cortisol/100 ml (Mittel: 9,8 µg/100 ml) bzw. 0 und 0,6 µg Corticosteron/100 ml (Mittel: 0,2 µg/100 ml), wobei jedoch die Verluste durch Wiederauffindungsversuche ermittelt und ausgeglichen wurden.

11. Fluorometrische Bestimmung von freiem Cortisol in Plasma nach BONDY et al. [22]

Extraktion. Heparinisiertes Blut wird innerhalb von 15 min nach Blutentnahme zentrifugiert. In zwei 60-ml-Zentrifugengläsern dampft man je 1 ml einer Cortisol-4-^{14}C-Lösung in abs. Äthanol mit etwa 2500 I/min zur Trockne ein, gibt in jedes Zentrifugenglas 10—20 ml Plasma und extrahiert nach Zusatz von 0,5 ml 1 n Natronlauge dreimal mit je 20 ml Chloroform. Die vereinigten Chloroformauszüge werden bei Zimmertemperatur zur Trockne eingedampft.

Papierchromatographie. Den Rückstand überführt man quantitativ auf einen Papierstreifen, 3 cm neben einem Cortisolstandard von 10 µg, equilibriert über Nacht und entwickelt dann absteigend für 4 Std im Lösungsmittelsystem Toluol/75% Methanol. Der Cortisolstandard enthaltende Fleck des getrockneten Papierchromatogramms wird an Hand seiner UV-Absorption ermittelt. Man schneidet den daneben liegenden, 3×4 cm messenden Abschnitt mit dem Plasmacortisol sowie ein gleichgroßes, darunterliegendes Papierstück zur Herstellung des Leerwertes aus, und eluiert beide 1 Std bei 70^0C im verschlossenen Reagensglas (Korken mit Aluminiumfolie umwickelt) mit je 4 ml abs. Äthanol.

Fluorometrie. 1 ml des Eluats wird für die Messung der Radioaktivität benötigt, welche entweder im Scintillationszähler (unter Verwendung von 15 ml einer 0,4% POP = 2,5-Diphenyl-oxazol und 0,003% POPOP = 1,4-Di-2(5-phenyl-oxazolyl)-benzol enthaltenden Toluollösung) oder aber auf Planchetten im Gasdurchflußzähler ohne Endfenster erfolgen kann. Zweimal je 0,8 ml des Papiereluats werden in zwei Cuvetten zur Trockne eingedampft, mit 0,5 ml 0,3 n Kalium-t-butylat in t-Butanol versetzt und nach 1 Std bei Zimmertemperatur im Farrand-Fluorometer der Fluorescenzmessung unterworfen. Zur Anregung benutzt man die Quecksilberlinie bei 365 mµ einer Hanovia-AH-3- Quecksilberdampflampe mit einem Primärfilter Corning 5860 (maximale Durchlässigkeit: 350 mµ), während für die Messung des Fluorescenzmaximums bei 580 mµ ein Sekundärfilter Corning 2418 (maximale Durchlässigkeit: 580 mµ) geeignet ist. An Hand einer mit Cortisolstandard aufgestellten Eichkurve — 1µg Cortisol entspricht 100 Skalenteilen des Galvanometers — wird der Gehalt des Plasmaextraktes an Cortisol ermittelt.

Ergebnisse

In 43 Einzeluntersuchungen konnten $73 \pm 13{,}6\%$ des zu Plasma zugesetzten Cortisol-4-^{14}C und $73 \pm 15{,}1\%$ des zugegebenen, nicht markierten Cortisols wiedergefunden werden. Nach Korrektur auf Grund der gemessenen Radioaktivität betrug die Wiederauffindungsrate $100 \pm 15{,}5\%$. Die Empfindlichkeit der Methode wurde mit 0,01 µg angegeben. Trotz Papierchromatographie ließ sich die Anwesenheit unspezifischer, zur Fluorescenz beitragender Verunreinigungen nicht völlig ausschließen, ohne daß diese jedoch einen wesentlichen Einfluß auf die Ergebnisse ausüben.

Im Plasma 16 gesunder Männer im Alter von 21—47 Jahren fand man eine Durchschnittskonzentration von $7{,}7 \pm 3{,}5$ µg Cortisol/100 ml. Bei 17 gesunden Frauen des gleichen Alters belief sich der Durchschnittswert auf $8{,}6 \pm 3{,}7$ µg/100 ml.

12. Bestimmung von freiem Cortisol und Corticosteron in Plasma nach LEWIS [32]

Extraktion und Reinigung. 5 ml heparinisiertes Plasma werden zweimal für jeweils 10 min mit je 4 Vol Äthylacetat extrahiert. Den Gesamtextrakt wäscht man mit je 1—2 ml 1 n Natronlauge und 2% Essigsäure, bevor die Lösung im Vakuum bei 35—40°C zur Trockne eingedampft wird. Der Rückstand wird mittels Äthylacetat quantitativ in die etwa 1—2 ml fassende Ausbuchtung des 100-ml-Kolbens gespült und das Lösungsmittel anschließend verdampft.

Papierchromatographie. Zur nachfolgenden Papierchromatographie reinigt man die 1,5 × 50 cm messenden Streifen aus Whatman-Papier Nr. 4 zunächst durch eine 24 Std währende, absteigende Chromatographie mit 2 n Natronlauge in 95% Äthanol, wäscht sodann mit Wasser bis zur neutralen Reaktion und endlich 3 Std mit 95% Äthanol. Die getrockneten Streifen werden durch 30minütige Einwirkung von Dichlordimethylsilandämpfen an einem Ende 5 cm weit imprägniert. Der Trockenrückstand des Plasmaextrakts wird nun mittels zweimal je 0,1 ml Aceton in der Mitte des imprägnierten Abschnitts in etwa 1 cm breitem Streifen aufgetragen. Sobald die Lösungsmittelfront bei aufsteigender Chromatographie mit 85% Methanol etwa 2 cm oberhalb des imprägnierten Abschnitts angelangt ist, nimmt man den Streifen heraus, trocknet und konzentriert nach Abschneiden des imprägnierten Abschnitts die Steroide an der Startlinie durch aufsteigende Chromatographie mit Äthylendichlorid-Äthylacetat-Methanol (9:9:2 v/v). Die Auftrennung der Corticosteroide erfolgt durch aufsteigende Chromatographie mit Benzol-50% Methanol bei 30 ± 1°C nach vorangehender Equilibrierung, die unter Verwendung eines Ventilators durchgeführt wird. Nach einer Laufzeit von etwa 90—100 min, in deren Verlauf die Lösungsmittelfront rund 36 cm gewandert ist, nimmt man das Chromatogramm heraus, trocknet und eluiert die Cortisol bzw. Corticosteron enthaltenden Abschnitte, die sich 6—13 bzw. 22—29 cm von der Startlinie entfernt erstrecken, mit jeweils 0,2 ml abs. Äthanol durch absteigende Chromatographie.

Fluorometrische Bestimmung. Die Papiereluate werden mit 3 ml konz. Schwefelsäure versetzt und mit einem Glasstab gründlich vermischt. Nach 30 min bei Zimmertemperatur wird die Messung der Fluorometrie nach der Vorschrift von SWEAT [82], jedoch im Beckman-DU-Spektralphotometer mit Fluorescenzzusatz durchgeführt unter Verwendung eines Corning-5113-Primärfilters und eines Wratten-Gelatine-61-Sekundärfilters. Die Messung erfolgt gegen einen entsprechenden Leerextrakt und Standardlösungen mit je

0,5 und 2 µg Cortisol bzw. Corticosteron. Bei Anwendung der vorstehenden Methode erhält man mit Konzentrationen zwischen 0,1 und 10 µg Corticosteroid eine lineare Eichkurve. Neben Plasmaextrakt, Leerextrakt und Standardlösungen wird auch die Fluorescenz eines Papierleerextraktes gemessen. Aus der korrigierten Fluorescenzintensität von Plasmaextrakt und Standard errechnet sich die vorhandene Konzentration an Cortisol und Corticosteron.

Ergebnisse

Bei Wiederauffindungsversuchen mit 0,5 oder 2,0 µg Cortisol, welche zu 5 ml Plasma hinzugefügt wurden, ließen sich 86—96% (Mittel: 92%) des zugesetzten Cortisols in den Endextrakten nachweisen. Entsprechende Versuche mit Corticosteron führten zur Auffindung von 82—96% (Mittel: 87%) des zugegebenen Steroids. Doppelbestimmungen von Cortisol in 20 Plasmaproben ergaben eine Differenz der Einzelwerte zwischen 0 und 2,2 µg/100 ml. Bei einem Vertrauensbereich von $P = 0,05$ ist erst eine Differenz von 2,7 µg/100 ml signifikant. Die Spezifität des entwickelten Verfahrens konnte durch Papierchromatographie von Extrakten aus Sammelplasma in verschiedenen Lösungsmittelsystemen, Überführung aliquoter Teile in Acetate und anschließende Papierchromatographie der mit authentischen Corticosteroidacetaten verdünnten Produkten in verschiedenen Lösungsmittelsystemen sowie durch Bestimmung der Absorptionsspektren in konz. Schwefelsäure oder Fluorometrie in Schwefelsäure und Kalium-t-butylat hinreichend bewiesen werden. Die bei diesen Versuchen gleichzeitig gefundenen Verbindungen Aldosteron, Cortison und Tetrahydrocortison stören die quantitative Erfassung von Cortisol und Corticosteron nicht.

Die Bestimmung von Cortisol und Corticosteron im peripheren Plasma von 20 Männern und 10 Frauen im Alter zwischen 15 und 42 Jahren erbrachte eine Konzentration von 6—12 µg Cortisol (Mittel: 9,2 ± 1,5 µg/100 ml) und 0—6 µg Corticosteron (Mittel: 1,2 µg/100 ml) in 100 ml Plasma. Hierbei ist jedoch zu bemerken, daß nur in neun Plasmaproben signifikante Mengen an Corticosteron nachgewiesen werden konnten. Während der Cortisolspiegel im Plasma der Männer im Mittel 8,9 µg/100 ml betrug, fand man im Plasma der Frauen eine mittlere Konzentration von 9,9 µg/100 ml.

13. Bestimmung von Cortisol in Plasma nach BERLINER [68]

Extraktion und Reinigung. 5—10 ml Plasma werden mit Chloroform extrahiert. Man dampft den Gesamtextrakt im Vakuum zur

Trockne ein, nimmt den Rückstand in 75% Methanol auf und schüttelt mit Hexan aus, um Lipoide zu entfernen. Die wäßrigmethanolische Lösung wird im Vakuum von Methanol befreit und die zurückbleibende wäßrige Lösung erneut mit Chloroform extrahiert. Der Chloroformextrakt wird im Vakuum unter Stickstoff zur Trockne eingedampft.

Acetylierung und Papierchromatographie. Der Trockenrückstand wird mit 700 µg Essigsäureanhydrid-^{14}C in Pyridin versetzt. Man läßt über Nacht bei Zimmertemperatur stehen, entfernt überschüssiges Reagens im Stickstoffstrom (Waschflaschen mit Natronlauge nachschalten!) und überführt den Rückstand mit wenig Methanol-Chloroform (1:1 v/v) auf den mit Formamid-Methanol (1:1 v/v) imprägnierten Papierstreifen. Nach 5—8stündiger Chromatographie im Lösungsmittelsystem Formamid/Benzol wird das Papierchromatogramm gründlich getrocknet und die Lage des radioaktiven Cortisolacetats an Hand der UV-Absorption und der im Streifenzählgerät festgestellten Radioaktivität ermittelt. Der entsprechende Abschnitt wird mit Methanol eluiert.

Quantitative Bestimmung. Ein aliquoter Teil des Papiereluats wird für die Bestimmung des im Eluat vorhandenen Cortisolacetats mittels UV-Spektralphotometrie benutzt. Durch planimetrischen Vergleich der erhaltenen Radioaktivitätskurve mit entsprechenden Standardkurven läßt sich die Radioaktivität des Cortisolacetats errechnen, so daß eine Bestimmung der spezifischen Radioaktivität erfolgen kann. Nach der Formel:

$$\frac{F \times A \times M}{B \times C} = \mu g \text{ Cortisol/Plasmaprobe}$$

kann der Gehalt an Cortisol berechnet werden, wobei
  F = Selbstabsorptionsfaktor des Papiers,
  A = Radioaktivität des Cortisolacetats in I/min,
  M = Molekulargewicht in µg,
  B = µg Cortisolacetat nach UV-Absorptionsmessung,
  C = spez. Radioaktivität der Acetylgruppe in I/min.

Durch anschließende Oxydation des Cortisolacetats mit Chromtrioxyd wird Cortisonacetat erhalten, dessen spezifische Radioaktivität nach papierchromatographischer Reinigung mit der des Cortisolacetats übereinstimmen soll.

Ergebnisse

In sechs verschiedenen Plasmaproben gesunder männlicher Versuchspersonen fand man 8,6 ± 0,42 µg Cortisol/100 ml. Die Empfindlichkeit der Methode, die grundsätzlich von der spezifischen

Aktivität des Essigsäureanhydrids sowie der Zahl acetylierbarer Gruppen im Steroidmolekül abhängt, liegt unterhalb 1 µg/100 ml.

14. Bestimmung von Cortisol in Plasma nach BOJESEN [106]

Extraktion. 5—10 ml Plasma werden mit 15 ml Chloroform, welches 1% Methanol enthält, durch Schlagen mit einem Glasstab gründlich vermischt. Man überführt die Chloroformschicht in einen Kolben und destilliert das Lösungsmittel im Vakuum (Wasserstrahlpumpe) bei 40—50°C unter Einleiten von Stickstoff mittels Capillare bis auf etwa 1 ml ab. Dieser Rückstand wird in ein kleines Reagensglas (7 × 100 mm) übergeführt, der Kolben zweimal mit je 0,5 ml Methanol und zweimal je 0,5 ml Chloroform ausgespült und die Lösung unter Stickstoff zur Trockne eingedampft.

Reinigung. Der Rückstand wird in 1 ml 70% Methanol gelöst, zweimal mit je 0,5 ml 20% Toluol in n-Hexan gewaschen und die methanolisch-wäßrige Lösung unter Stickstoff zur Trockne eingedampft. Den Rückstand nimmt man in 1 ml Äthylacetat auf, schüttelt ihn zweimal mit je 0,5 ml Wasser aus und überführt die mit 50—100 mg Natriumsulfat getrocknete Äthylacetatlösung in ein anderes Reagensglas, in welchem sie zur Trockne gebracht wird. Schließlich wird der so gereinigte Plasmaextrakt mittels besonders gereinigtem Chloroform (Chloroform p. a. wird dreimal mit je $1/_3$ Vol konzentrierter Schwefelsäure und einmal $1/_3$ Vol Wasser gewaschen, über Natriumsulfat getrocknet und über Bariumoxyd unter Feuchtigkeitsausschluß destilliert, so daß bei —5 bis —10°C keine Trübung mehr eintritt) in das für die Veresterung vorgesehene Reagensglas (5 × 80 mm) übergeführt und unter Stickstoff zur Trockne eingedampft.

Veresterung. Durch die mit zwei Einschnitten versehene Gummikappe gibt man zunächst 0,025 ml 7% Pyridin (über Bariumoxyd am Rückfluß gekocht und über Bariumoxyd destilliert, wobei lediglich die bei 115,7°C (760 mm) übergehende Fraktion benutzt wird) in Chloroform, befestigt das Reagensglas in einer Schüttelmaschine (Reciprotor, Dänemark), so daß es gleichzeitig in ein mit Äthylenglykol von 0°C gefülltes Dewargefäß eintaucht, und setzt sodann während des Schüttelns 3 mg Pipsan-^{35}S (p-Jodphenylsulfonsäureanhydrid-^{35}S) in 0,100 ml reinem Chloroform innerhalb von 10 sec hinzu. Unmittelbar danach werden wieder 0,025 ml 7% Pyridin in Chloroform hinzugegeben. Man nimmt das Reagensglas aus der Schüttelmaschine, stellt es 5 min in ein Reagensglasgestell und bringt es wieder zurück in die Schüttelmaschine, bevor nach Entfernung der Gummikappe 1 Tropfen Wasser und 0,050 ml einer

Lösung von Cortisolpipsylat-^{131}J mit rd. 600—800 I/min unter Schütteln zugesetzt werden. Zuvor werden jedoch zweimal je 0,050 ml der Cortisolpipsylat-^{131}J-Lösung in zwei leere Reagensgläser pipettiert, um nach der später erfolgenden Messung der Radioaktivität eine Aussage über die im Verlauf der weiteren Aufarbeitung eintretenden Verluste zu ermöglichen.

Papierchromatographie. Die Chloroformlösung wird zweimal mit Wasser, einmal mit 50% Methanol gewaschen, unter Stickstoff getrocknet und der Rückstand mit 10% Methanol in Chloroform auf Papierstreifen Whatman Nr. 1 aufgetragen. Die Papierchromatographie erfolgt im Lösungsmittelsystem Methanol-Wasser/Toluol-Ligroin (7:3:4:6 v/v). Während der 15minütigen Equilibrierung, welche mit Hilfe eines Ventilators beschleunigt wird, erreicht die eingefüllte mobile Phase den Auftragungsort. Die bei 37°C durchgeführte absteigende Chromatographie ist bereits nach 45 min beendet. An Hand der Radioaktivität von ^{131}J läßt sich der Cortisolpipsylat enthaltende Abschnitt des Chromatogramms ermitteln, der dann in kleine Stückchen zerschnitten und mit viermal je 0,5 ml 10% Methanol in Chloroform eluiert wird. Man dampft das Eluat zur Trockne ein und trägt den Rückstand auf einen zweiten Papierstreifen auf. Bei der anschließenden Papierchromatographie im Lösungsmittelsystem Methanol-Wasser/Toluol-Ligroin (9:1:4:6 v/v) dauert die Equilibrierung mit Ventilator rund 1 Std, die absteigende Entwicklung bei 37°C dagegen 3 Std. Die Festlegung des Cortisolpipsylat enthaltenden Fleckes geschieht durch Autoradiographie (über Nacht) auf Kodak Blue Brand (Code 3, 24 × 30 cm) Röntgenfilm. Man eluiert wie zuvor und dampft das Eluat unter Stickstoff zur Trockne ein.

Messung der Radioaktivität. Die Radioaktivität des isolierten Materials wird auf Aluminiumplanchetten in einem Zählgerät (Utility Scaler, Tracerlab) mit und ohne Filter — in Form einer Blende aus Aluminiumfolie — gemessen. Unter Berücksichtigung der das Filter durchdringenden Anteile der Strahlung von ^{131}J ($= f_J$) und ^{35}S ($= f_S$) wird aus der mit und ohne Filter bestimmten Radioaktivität c bzw. s das Verhältnis der Radioaktivität von ^{35}S zu ^{131}J gemäß nachstehender Formel berechnet:

$$\frac{S}{J} = \frac{f_J \cdot s - c}{c - f_S \cdot s}$$

Durch den Zusatz des Cortisolpipsylats-^{131}J läßt sich nicht nur der bei Aufarbeitung des Plasmaextraktes eintretende Verlust feststellen und ausgleichen, sondern auch die Auswertung der Analyse ohne Bestimmung der spezifischen Radioaktivität durchführen. Hierzu mißt man den S/J-Koeffizienten einer Probe, welche eine bekannte Molzahl Pipsan-^{35}S und die gleiche Menge Cortisolpipsylat-^{131}J wie der Plasmaextrakt enthält. Da Pipsylglycin leicht herzustellen ist, und seine Konzentration durch Messung der Absorption bei 250 mμ vorteilhaft bestimmt werden kann, eignet sich diese Substanz als Standard. Eine solche Menge Pipsylglycin-^{35}S, die mit der verwendeten Lösung von Cortisolpipsylat-^{131}J einen annehmbaren S/J-Koeffizienten ergibt, wird in die beiden Reagensgläser mit je 0,05 ml Cortisolpipsylat-^{131}J gegeben. Nach Eindampfen unter Stickstoff überführt man den Rückstand mittels eines Tropfens Essigsäure und mehrerer Tropfen 10% Methanol in Chloroform auf die Planchette und mißt die Radioaktivität wie bei dem Plasmaextrakt mit und ohne Filter. Wenn n_x die Molzahl der gesuchten Verbindung und n_{st} die Molzahl an Pipsylglycin-^{35}S darstellt, so gilt

$$n_x = \frac{(S/J)_x}{(S/J)_{st}} \cdot n_{st}.$$

Da der Fehler bei der Bestimmung von $(S/J)_{st}$ nicht größer war als der allgemein beobachtete Meßfehler, erschien die Verwendung von Pipsylglycin-^{35}S als Standard an Stelle der theoretisch erforderlichen Steroidpipsylate-^{35}S durchaus möglich.

Erläuterungen: Herstellung von Standard

Steroidpipsylat-^{131}J

Etwa 5 mg des zu bestimmenden Steroids werden in 0,3 ml 7% Pyridin in Chloroform gelöst, mit 30 mg Pipsan-^{131}J [*255*] (1 mC) innerhalb von 2—3 min unter Schütteln versetzt und die Lösung nach Zugabe von weiteren 0,3 ml 7% Pyridin in Chloroform schließlich unter Stickstoff zur Trockne eingedampft. Man verreibt den Rückstand mit 2 ml Benzol, zentrifugiert und überführt die klare Benzollösung in ein Reagensglas. Bei Zugabe von n-Pentan fällt der Ester aus. Das Lösungsmittel wird entfernt, der Rückstand getrocknet, in wenig Methanol gelöst und mit 3—4 Tropfen Wasser erneut ausgefällt. Nach halbstündigem Zentrifugieren bei 3200 U/min dekantiert man die wäßrige Methanollösung, trocknet unter Stickstoff und wiederholt die Reinigung durch zweimaliges Umfällen. Schließlich wird der Ester in Benzol gelöst und bei Zimmertemperatur aufbewahrt. Die Reinheit des Produktes kann durch Chromatographie auf Papier Whatman Nr. 1 und Autoradiographie festgestellt werden.

Pipsylglycin-^{35}S

Zur Gewinnung von Pipsylglycin-^{35}S löst man 200—300 mg Glycinäthylesterhydrochlorid in 5 ml 4 n Ammoniumhydroxyd, extrahiert zweimal mit Äther und dampft den über Natriumsulfat getrockneten Extrakt zur Trockne ein. Der Rückstand wird in 0,5 ml 7% Pyridin in Chloroform gelöst, mit etwa 5 mg Pipsan-^{35}S [*256*] versetzt und die Lösung dann unter Stickstoff zur Trockne eingedampft. Die Hydrolyse des Esters erfolgt durch Behandlung des Rückstands mit 4—5 Tropfen 0,5 n Natronlauge unter stetem Schütteln und im siedenden Wasserbad. Bei Ansäuern fällt Pipsylglycin-^{35}S aus. Man zentrifugiert, dekantiert und überführt den in Äther suspendierten Rückstand in ein anderes Reagensglas. Zusatz von ammoniakgesättigtem Äther führt zur Fällung des Ammoniumsalzes. Nach Abtrennen des Niederschlags wiederholt man beide Fällungen, bevor die Bestimmung der Konzentration der mit 0,2 n Salzsäure verdünnten, wäßrigen Lösung von Pipsylglycin-^{35}S durch Messung der Absorption bei 250 mμ vorgenommen wird. Der molare Extinktionskoeffizient beträgt 15900.

Ergebnisse

Bei 18 Bestimmungen von 0,45—1,15 μg Cortisol, welche zu 5—10 ml Plasma zugesetzt wurden, bewegte sich die wiedergefundene Menge Cortisol zwischen 77 und 104% (Mittel: 86%). Wurde Cortisol zu Plasmaextrakten hinzugefügt, so stieg die Ausbeute auf 95—100%. In einem Konzentrationsbereich von 0,2—1,5 μg Cortisol/Plasmaprobe belief sich die Standardabweichung auf $\pm$ 6%. Die Spezifität der Methode wird durch Derivatbildung mit Pipsan-^{35}S, Verdünnung mit Cortisolpipsylat-^{131}J und Reinigung des Gemischs durch zweifache Papierchromatographie gegeben. Im Verlauf der Bestimmung des S/J-Koeffizienten in der oberen und unteren Hälfte des radioaktiven Abschnitts, wie er nach Papierchromatographie erhalten wird, fand man weitgehend übereinstimmende Werte, welche auf eine gewisse Reinheit des vorhandenen Materials schließen lassen.

Die Konzentration von Cortisol im Plasma sechs gesunder junger Männer schwankte zwischen 6,3 und 20,0 μg/100 ml, wobei jedoch Verluste rechnerisch kompensiert wurden.

15. Enzymatische Bestimmung von Corticosteroiden in Plasma nach HÜBENER u. SAHRHOLZ [*253*]

Extraktion. 10 ml Plasma werden zweimal mit je 20 ml Methylenchlorid in einem Zentrifugenglas mit Schliffstopfen (aus Kautex) extrahiert, indem man jeweils 3 min mit dem Lösungsmittel schüttelt, zentrifugiert und die Methylenchloridlösung mittels Rekordspritze und langer Nadel aufsaugt. Die vereinigten Auszüge werden durch wasserfreies Natriumsulfat filtriert und im Luft- oder Stickstoffstrom zur Trockne eingedampft.

Reinigung. Den Rückstand löst man in 2 ml Methylenchlorid, gibt 8 ml Cyclohexan und 3 ml Glycerin hinzu, und zentrifugiert nach 3 min Schütteln. Die untere Glycerinschicht wird mittels Rekordspritze aufgenommen und 2—2,5 ml hiervon in eine 5 cm lange Quarzcuvette gegeben. Falls die Glycerinschicht nicht vollkommen klar ist, muß erneut zentrifugiert werden.

Bestimmung. Der Glycerinextrakt wird mit 0,1 ml TRA-HCl-Puffer (Biochemica Boehringer, C. F. Boehringer & Söhne GmbH, Mannheim) von $p_H = 7,3$ auf 5 ml aufgefüllt, mit 0,05 ml 1% (w/v) DPNH und 0,02 ml 20 β-Hydroxysteroiddehydrogenase [254] versetzt, und der Verlauf der Reaktion im Spektralphotometer bei 340 mμ verfolgt. Die Extinktionsänderung während der in 10 bis 15 min ablaufenden Reaktion ist ein Maß für den Gehalt des Plasmas an Corticosteroiden.

$$\frac{E \cdot b \cdot c \cdot d}{e \cdot f \cdot g} = \text{nM Corticosteroid}$$

$E = \log I_0/I =$ Extinktionsänderung nach Enzymzugabe,
$b = 10^9$ (Umrechnungsfaktor: M $= 10^9$ nM),
$c =$ ml Flüssigkeit in der Cuvette,
$d =$ ml Glycerin, mit denen extrahiert wurde (3 ml),
$e =$ molare Extinktion des DPNH (6,28 $\times$ 10^6),
$f =$ Lichtweg (5 cm),
$g =$ Glycerinmenge, die in die Cuvette gegeben wurde (2 bis 2,5 ml).

Um sicher zu gehen, daß die Reaktion richtig abgelaufen ist, empfiehlt sich, mit einer bekannten Menge Cortisol (20 nM $= 7,24$ μg) nachzustarten.

Ergebnisse

Bei Zusatz von 22 nM Cortisol zu zwei Plasmaproben, die nach Doppelbestimmung 4,4 bzw. 4,2 nM Corticosteroide (je 1,2 μg) in 10 ml enthielten, wurden 24,8 bzw. 23,4 nM Corticosteroide gefunden, was einer Wiederauffindungsrate von 93 bzw. 87% entspricht. Ein Nachstart mit jeweils 22 nM Cortisol führte zur Wiederauffindung von 84—105% der zugesetzten Menge.

Obgleich vorliegende Methode steroidspezifisch ist, so läßt sich bei der Aufarbeitung die Anwesenheit von Corticosteron nicht ausschließen, welches somit in die enzymatische Reduktion eingeht. Progesteron dagegen wird durch die Verteilung zwischen Glycerin/Cyclohexan-Methylenchlorid entfernt. Nähere Angaben über Empfindlichkeit und Genauigkeit sind nicht vorhanden. Das Plasma fünf gesunder Versuchspersonen enthielt im Durchschnitt 4,4 ± 2,6 nM Corticosteroide/10 ml (= 12 µg/100 ml).

Aldosteron

Während in der Literatur zahlreiche Bestimmungsmethoden für Corticosteroide im Plasma, wie Corticosteron, Cortisol, oder 11-Hydroxycorticosteroide und 17-Hydroxycorticosteroide beschrieben sind, finden sich nur wenige Verfahren, die eine Bestimmung von Aldosteron in Plasma gestatten. Für den Fall, daß große Mengen Plasma zur Verfügung stehen, kann eine Abtrennung des Aldosterons aus dem Chloroformextrakt durch Säulenchromatographie an Kieselgur unter Verwendung von wäßrigem Methanol als stationäre und Benzol-Äthylacetat als mobile Phase erzielt werden [*85*]. Wie bei REICH [*220*] angegeben, ermöglicht die Fluorescenzmessung papierchromatographisch gereinigter Plasmaextrakte eine quantitative Erfassung der niedrigen Aldosteronkonzentrationen, wie sie im peripheren Plasma vorkommen, doch erfordert eine derartige Endpunktbestimmung auch eine weitgehende Reinheit des isolierten Materials. Diese aber kann selbst durch eine wiederholte Papierchromatographie ohne eingeschobene Derivatbildung nur teilweise gewährleistet werden.

Die Anwendung von Isotopen dagegen bietet die Möglichkeit, Konzentrationen von 0,001 µg mit beachtlicher Richtigkeit und Genauigkeit zu erfassen. Während das ursprünglich von PETERSON [*257*] entwickelte Verfahren zur Aldosteronbestimmung auf der Zugabe von Aldosteron-^{3}H zum Ausgangsmaterial und Überführung des gereinigten Aldosterons in das entsprechende Diacetat-^{14}C mit nachfolgender Messung der ^{3}H und ^{14}C-Radioaktivität beruht, so besteht eine inzwischen ausgearbeitete Methode [*258, 259*] aus Extraktion, Acetylierung des Extraktes mit Essigsäureanhydrid-^{3}H, Papierchromatographie des mit Aldosteron-diacetat-^{14}C versetzten Materials, Oxydation mit Chromtrioxyd, Papierchromatographie und Bestimmung der Radioaktivität von ^{3}H und ^{14}C. Beide Arbeitsvorschriften führen zu ungefähr gleichen Ergebnissen.

Bei der von BOJESEN u. DEGN [*260*] jüngst veröffentlichten Methode zur Bestimmung von Plasmaaldosteron bedient man sich, ähnlich wie im Falle des vom gleichen Arbeitskreis vorgeschlagenen Bestimmungsverfahrens für Plasmacortisol, der Veresterung mit Pipsan-^{35}S. Nach Verdünnung des Reaktionsproduktes mit Aldosteronpipsylat-^{131}J und ausgedehnter Reinigung, welche wiederholte Papierchromatographie und Oxydation mit Chromtrioxyd einschließt, wird die Radioaktivität mit und ohne geeignetem Filter gemessen. Aus dem erhaltenen Quotienten $^{35}S/^{131}J$ kann an Hand entsprechender Standards die Menge vorhandenen Aldosterons ermittelt werden. Da dies Verfahren laut Angabe zu einem Plasmaleerwert von praktisch 0 führt, erscheint es für die Bestimmung der geringen Konzentrationen von Aldosteron im menschlichen Plasma besonders geeignet. Die gefundenen Plasmaspiegel von Aldosteron lagen stets unter 0,02 μg/100 ml.

1. Bestimmung von Aldosteron in Plasma nach KLIMAN u. PETERSON [259]

Extraktion. 2—3 ml Plasma werden mit 6—7 ml Methylenchlorid für 15—20 sec geschüttelt. Die Plasmaschicht entfernt man durch Absaugen, wäscht den Methylenchloridextrakt mit 0,1 Vol 0,1 n Natronlauge, 0,1 Vol 0,1 n Essigsäure und 0,1 Vol Wasser und dampft den Extrakt zur Trockne ein.

Acetylierung. Der Rückstand wird mit wenig Äthanol in ein konisch zulaufendes und mit Schliffstopfen versehenes 6,5 ml Reagensglas (13 × 90 mm; Kontes Glass Company, Vineland N. J.) übergeführt und in einem Luftstrom bei 30—40°C zur Trockne eingedampft. Anschließend spült man die Wände des Reagensglases mit wenig Äthanol, um den gesamten Extrakt in der Spitze zu konzentrieren und trocknet über Nacht im Exsiccator über Calciumchlorid oder im Vakuumofen bei Zimmertemperatur und einem Druck von 1—10 mm für 1—2 Std. Zur Acetylierung werden 0,025 ml wasserfreies Pyridin und 0,03 ml Essigsäureanhydrid-^{3}H hinzugegeben. Man löst den Rückstand durch vorsichtiges Rotieren des Reagensglases, fügt nach 24 Std bei 37°C eine bekannte Menge Aldosterondiacetat-^{14}C (etwa 1000 I/min in 0,1 ml Äthanol), sowie 0,5 ml Wasser und 5 ml Tetrachlorkohlenstoff hinzu und wäscht den Tetrachlorkohlenstoffextrakt mit Wasser, bevor man zur Trockne eindampft.

Papierchromatographie. Die erste Papierchromatographie unter Verwendung von 30 μg 4-Androsten-3,11,17-trion (Adrenosteron) als Bezugssubstanz erfolgt auf Papierstreifen Whatman Nr. 1 (18 × 55 cm) im Lösungsmittelsystem Cyclohexan-Benzol/Methanol-Wasser (4:2:4:1 v/v). Nach etwa einstündigem Equilibrieren bei 25 ± 1°C entwickelt man absteigend für 14—18 Std, legt den Adrenosteronfleck im UV-Licht (bei 254 mμ) fest und eluiert den entsprechenden Abschnitt mit 5 ml Methanol in einem Reagensglas. Nach wenigen Minuten wird das Papier mit einem Holzstäbchen dem Reagensglas entnommen und mit etwas Äthanol abgespült. Das Eluat wird bei 30—40°C im Luftstrom eingedampft.

Zur zweiten Papierchromatographie gibt man 15 µg 4-Pregnen-17 α-ol-3, 11, 20-trion (21-Desoxycortison) in jedes Reagensglas, chromatographiert absteigend nach 18—20 Std Equilibrieren im Lösungsmittelsystem Cyclohexan-Dioxan/Methanol-Wasser (4:4:2:1 v/v) für 18 Std und markiert den Fleck von 21-Desoxycortison im UV-Licht. Da Aldosterondiacetat innerhalb von 18 Std etwa 1 cm weiter wandert als die Bezugssubstanz, wird der Abschnitt von dem Mittelpunkt des 11-Desoxycortisonflecks bis 1 cm über seinen unteren Rand hinaus mit Methanol eluiert. Während Aldosterondiacetat und 21-Desoxycortison rund 30—35 cm vom Auftragsort entfernt sind, liegt der Fleck von Adrenosteron 35—40 cm unterhalb der Startlinie. Das Eluat wird in einem mit Schliffstopfen versehenen 18-ml-Reagensglas (21 × 115 mm, Kontes Glass Comp.) bei 30—40°C im Luftstrom zur Trockne eingedampft.

Oxydation. Zu dem Trockenrückstand gibt man 0,1 ml 0,5% Chromtrioxyd in Eisessig, läßt nach Benetzen des gesamten Materials 5—10 min bei Zimmertemperatur stehen und schüttelt das mit 1 ml 20% Äthanol in Wasser und 10 ml Methylenchlorid versetzte Reaktionsgemisch 10—15 sec. Die wäßrige Lösung wird verworfen, die Methylenchloridlösung mit 1 ml Wasser gewaschen und im Luftstrom bei 30—40°C zur Trockne eingedampft.

Papierchromatographie. Man fügt weitere 10 µg 21-Desoxycortison hinzu und chromatographiert nach 1 oder mehr Stunden Equilibrieren im Lösungsmittelsystem Cyclohexan-Benzol/Methanol-Wasser (4:3:4:1 v/v). Innerhalb von 16—18 Std wandern das Oxydationsprodukt des Aldosterondiacetats und 11-Desoxycortisonstandard rund 25—30 cm weit. Der entsprechende Abschnitt wird direkt in die zur Radioaktivitätsmessung benutzten Fläschchen („Crystallite vials", Wheaton Glass Comp.) eluiert und das Eluat im Luftstrom bei 30—40°C zur Trockne eingedampft. Zum Rückstand gibt man 5 ml einer 0,4% POP (2,5-Diphenyloxazol) und 0,004% POPOP (1,4-Di-2(5-phenyl-oxazolyl)-benzol) enthaltenden Toluollösung.

Messung der Radioaktivität. Die Radioaktivität der ^{3}H- und ^{14}C enthaltenden Verbindung wird im Scintillationszähler (Packard Tri-Carb) bestimmt. Die Wiederauffindungsrate des ^{14}C-markierten Aldosterondiacetats beträgt gewöhnlich nur 10—25%, wobei die Hälfte des beobachteten Verlusts bei Oxydation zu verzeichnen ist. Während bei einer Spannung von 1400 V ^{3}H + ^{14}C gemessen werden, erfolgt die Bestimmung von ^{14}C bei einer Spannung von 800 V. Die Genauigkeit beträgt hierbei ± 3,5% gegenüber ± 1,5% bei 1400 V. Schwankungen bei der Messung von ^{14}C können durch Bezug auf einen Standard in zugeschmolzenem Fläschchen rechne-

risch ausgeglichen werden. Desgleichen läßt sich der im allgemeinen zu vernachlässigende Beitrag von ^{3}H zur ^{14}C-Radioaktivität durch Messung eines ^{3}H-Standards bei 1400 und 800 V feststellen und als Korrekturfaktor einsetzen.
Berechnung. Ist

m = Radioaktivität von ^{3}H + ^{14}C bei 14000 V, weniger „background", in l/min

c = Radioaktivität von ^{14}C bei 800V weniger „background", in l/min,

$r = \dfrac{\text{Radioaktivität von } ^{14}\text{C bei 1400 V,}}{\text{Radioaktivität von } ^{14}\text{C bei 800 V}}$, in l/min.

C = Radioaktivität von ^{14}C des zugesetzten Standards bei 800 V, in l/min,

s = spezifische Radioaktivität von Aldosterondiacetat-^{3}H bei 1400 V in l/min/n Mol,

M = Molekulargewicht von Aldosteron,

so beträgt die bei Acetylierung vorhandene Menge Aldosteron in µg

$$\dfrac{(m - c \cdot r)\, C/c}{s} \cdot \dfrac{M}{1000}$$

die sich rechnerisch leicht in µg/100 ml Plasma umwandeln läßt.

Erläuterungen: Herstellung von Reagentien und Standard
Essigsäureanhydrid-^{3}H

1 mMol Essigsäureanhydrid -^{3}H mit 400 mC/mM wird mit 2 oder 3 mM destilliertem Essigsäureanhydrid und wasserfreiem Benzol verdünnt, so daß die Endkonzentration 15—20% beträgt. Man bewahrt das Reagens zusammen mit Benzol über Calciumchlorid auf.

Bestimmung der spezifischen Radioaktivität von Essigsäureanhydrid-^{3}H

0,5 mg Cortisol werden in 0,03 ml Essigsäureanhydrid-^{3}H und 0,025 ml wasserfreiem Pyridin in einem verschlossenen Reagensglas für 18 Std bei 25° C aufbewahrt, mit 0,5 ml 25% Äthanol in Wasser versetzt und mit 5 Vol Methylenchlorid extrahiert. Man wäscht den Extrakt mit 0,5 ml Wasser, trocknet die mit etwas Äthanol versetzte Lösung bei 30—40° C und chromatographiert das Cortisolacetat-^{3}H auf Papierstreifen Whatman Nr. 1 (18 × 55 cm) für 18—20 Std im Lösungsmittelsystem Cyclohexan-Benzol/Methanol-Wasser (4:3:4:1 v/v) und anschließend für 18—20 Std im System Cyclohexan-Dioxan/Methanol-Wasser (4:4:2:1 v/v). Nach Elution mit Äthanol wird mit dem gleichen Lösungsmittel auf 25 ml aufgefüllt und die Konzentration des Cortisolacetats-^{3}H auf Grund der

UV-Absorption bei 242 mµ, der Porter-Silber-Reaktion sowie des fluorometrischen Vergleichs mit authentischem Cortisolacetat bestimmt. Nach Messung der Radioaktivität berechnet man die spezifische Radioaktivität in I/min/m M.

Aldosterondiacetat-^{14}C

1,0 mg Aldosteron wird mit 0,03 ml 15—20% Essigsäureanhydrid-1-^{14}C (1—5 mC/mM) in Benzol und 0,025 ml Pyridin versetzt, nach 24 Std bei 37° C wie zuvor zwischen wäßrigem Äthanol und Methylenchlorid verteilt und in den ersten beiden papierchromatographischen Systemen gereinigt. Im Anschluß an die zweite Papierchromatographie verdünnt man das eluierte Material mit soviel Äthanol, daß 1 ml etwa 8000—12000 I/min enthält.

Ergebnisse

Da die Methode für eine allgemeine Bestimmung von Aldosteron in Körperflüssigkeit entwickelt wurde, beschränkten sich Wiederauffindungsversuche auf Aldosteron im Harn. Nach Zusatz von 0,96 und 1,12 µg Aldosteron zu 0,01 Vol des 24-Std-Harns konnten 86—110% der zugefügten Menge (Mittel: 93,8%) wiedergefunden werden. Mehrfachbestimmungen von Aldosteron, welches zu Hundeplasma zugesetzt worden war, ergaben bei 16 Analysen und einer Konzentration von 0,079 µg/ml eine Standardabweichung von ± 0,011 µg/ml, wobei die Schwankung der Ergebnisse z. T. auf die Verwendung von fünf verschiedenen Lösungen von Essigsäureanhydrid-^{3}H zurückzuführen war. Bei den Untersuchungen der Fehlerquellen wurde festgestellt, daß die Summe der vorauszusagenden Fehler bei einem Verhältnis R (= ^{3}H/^{14}C) von 3:1 ± 12%, von 1:1 insgesamt ± 15% und bei einem Verhältnis 10:1 ± 11% beträgt. Sechs Bestimmungen von je drei Harnproben mit verschiedenem Aldosterongehalt führten zu Ausscheidungswerten von 198 ± 29 µg/Tag (Patient mit Cirrhose), 12,5 ± 1,7 µg/Tag (gesunde Versuchsperson) und 1,15 ± 1,0 µg/Tag (Patient mit Addison-Krankheit). Die Genauigkeit der beiden ersten Versuchsreihen belief sich wie vorausgesagt auf ± 14,5% und 13,6%. Die Empfindlichkeit der Methode wird bei Verwendung von radioaktivem Material mit hoher spezifischer Radioaktivität eine ausreichend genaue Messung von 0,001 µg Aldosteron gestatten, wobei die bei 1400 V gemessene Radioaktivität jedoch das Fünffache des „backgrounds" betragen muß. Die Spezifität der Methode konnte durch die Einführung eines Oxydationsschrittes beträchtlich erhöht und eine weitgehend konstante spezifische Radioaktivität während verschiedener Reinigungsschritte sichergestellt werden. Zudem brachte ein Vergleich vorliegender Methode mit dem früher beschriebenen selektiven Verfahren (Zugabe von Aldosteron-^{3}H zur Harnprobe, mehrfache papierchromatographische Reinigung des Extraktes, Acetylierung mit Essigsäureanhydrid-^{14}C und Bestimmung der Radioaktivität) praktisch die gleichen Ergebnisse.

2. Bestimmung von Aldosteron in Plasma nach BOJESEN u. DEGN [260]

Extraktion. 10—30 ml heparinisiertes Plasma werden dreimal mit je 1,5 Vol Chloroform extrahiert, indem man beide Phasen mechanisch mischt, durch Zentrifugieren trennt und die Chloroformschicht in einen Erlenmeyerkolben überführt. Die vereinigten Extrakte werden über Natriumsulfat getrocknet und im Vakuum bei 40° C unter Stickstoff zur Trockne eingedampft.

Reinigung. Man bringt den Trockenrückstand mittels dreimal je 0,5 ml Methanol und Chloroform in ein kleines Reagensglas, dampft das Lösungsmittel bei 40° C im Stickstoffstrom ab und gibt 1 ml 70% Methanol hinzu. Durch zweimalige Extraktion mit je 0,5 ml 20% Toluol in n-Hexan lassen sich die Lipoide entfernen. Die wäßrige Methanollösung wird unter Stickstoff bei 40° C zur Trockne eingedampft, der Rückstand in 1 ml Chloroform aufgenommen und zweimal mit je 0,5 ml 5% Natriumcarbonatlösung sowie dreimal mit je 0,5 ml Wasser gewaschen, bevor man wie zuvor eindampft.

Veresterung. Der Rückstand wird mittels dreimal je 0,5 ml besonders gereinigten Chloroforms (Chloroform wird zweimal mit konz. Schwefelsäure und anschließend mit Wasser bis zu neutraler Reaktion gewaschen, über Natriumsulfat getrocknet und destilliert, wobei zunächst ein Viertel des Gesamtvolumens ohne Kühler abzudampfen ist, bevor man das Destillat sammelt) in ein kleines, mit Gummikappe versehenes Reagensglas übergeführt. Nach Entfernung des Lösungsmittels im trocknen Stickstoffstrom befestigt man das Röhrchen dergestalt in einer elektromagnetischen Schüttelapparatur („Reciprotor", A/S Reciprotor, Kopenhagen), daß die Lösung im Glykolbad von 0° C gekühlt werden kann, gibt 0,025 ml 10% Pyridin (Pyridin wird wenigstens eine halbe Stunde über Bariumoxyd unter Rückfluß gekocht und anschließend destilliert) in Chloroform durch einen Einschnitt in der Gummikappe hinzu und versetzt sodann mit 3 mg Pipsan-^{35}S, gelöst in 0,1 ml heißem Chloroform. Nach 5 min löst man die Gummikappe, entfernt das Kühlbad und fügt einen Tropfen Wasser hinzu, um überschüssiges Reagens zu zerstören. Nach 5 min Schüttelns werden 0,05 ml der frisch verdünnten Indicatorlösung von Aldosteronpipsylat-^{131}J mit rund 700 I/min hinzugegeben. Es empfiehlt sich jedoch, jeweils 0,05 ml der Indicatorlösung auf die Standardplanchetten aufzutragen, bevor man die Plasmaextrakte verdünnt, um Kontaminierung letzterer zu vermeiden. Nun wird die organische Lösung mit 0,2—0,3 ml Chloroform verdünnt und einmal mit 0,3 ml 0,1 n Schwefelsäure sowie dreimal mit je 0,3 ml Wasser gewaschen. Man trocknet über Natriumsulfat, überführt die Lösung quantitativ in ein mit Silikon imprägniertes Reagensglas und trocknet im Stickstoffstrom bei Zimmertemperatur. Zugleich mit der Plasmaprobe werden bestimmte Mengen reinen d,l-Aldosterons verestert, um die Ausbeute der Veresterungsreaktion zu kontrollieren, wobei es angezeigt ist, 0,025 ml einer 1% Lösung von Äthyloleat in Hexan zum Aldosteron zuzusetzen. Hierbei verhindern wahrscheinlich die Spuren des nicht reagierenden Fremdstoffs die Zerstörung kleiner Mengen Aldosterons an der Glaswand.

Papierchromatographie. Das Veresterungsprodukt wird mittels Benzol oder Toluol auf den mit 8% Äthyloleat in n-Hexan imprägnierten Papierstreifen (Whatman Nr. 1, im Soxhlet für je 24 Std mit Methanol und Toluol extrahiert; 15 × 330 mm) aufgetragen und durch 8—10stündige absteigende Chromatographie bei 4⁰ C mit Essigsäure-Wasser (1:1 v/v) aufgetrennt. Die mobile Phase verdampft man mittels eines Ventilators bei Zimmertemperatur und legt die Aldosteronpipsylat enthaltenden Abschnitte durch Autoradiographie (über Nacht) auf Kodak Blue Brand Röntgenfilm (24 × 30 cm) fest, wobei das Chromatogramm zwischen Aluminiumfolie von 10 μ Dicke gelegt wird. Um die Radioaktivität des ^{131}J besser feststellen zu können, bedient man sich zusätzlich eines Filters aus gitterartig geschnittener Aluminiumfolie von 40—50 μ Dicke, so daß der Papierstreifen in seiner ganzen Länge teilweise bedeckt wird. Den ^{131}J enthaltenden Abschnitt schneidet man aus, überträgt die vorhandenen radioaktiven Substanzen mittels 1 ml Methanol, wie bei SVENDSEN [105] beschrieben, auf einen zweiten Streifen und chromatographiert erneut im gleichen Lösungsmittelsystem. Es schließt sich eine dritte, zweistündige Papierchromatographie bei 4⁰ C im Lösungsmittelsystem Formamid/Ligroin-Toluol (2:8 v/v) an Hierzu wird das Papier mit Formamidaceton (1:3 v/v) imprägniert. Der Tank enthält ferner eine Schale mit konz. Schwefelsäure, um das durch Zersetzung von Formamid evtl. auftretende Ammoniak zu binden. Der ^{131}J enthaltende Fleck wird unter Benutzung eines Filters aus 50 μ dicker Aluminiumfolie mit dem Zählrohr festgelegt, sobald die mobile Phase verdampft ist. Man eluiert mit 1 ml Toluol in ein silikonimprägniertes Reagensglas, dampft das Lösungsmittel im Stickstoffstrom bei Zimmertemperatur ab und löst den Rückstand in 0,05 ml Essigsäure und 0,01 ml 1% Chromtrioxyd in Essigsäure. Nach kurzem Schütteln und 2—3stündigem Stehen bei Zimmertemperatur wird ein Tropfen Methanol zugesetzt und die Lösung im Hochvakuum zur Trockne gebracht. Der Rückstand wird sodann mittels dreimal je einigen Tropfen Methanol auf einen imprägnierten Papierstreifen aufgetragen und wie zuvor im Lösungsmittelsystem Formamid/Ligroin-Toluol (2:8 v/v) absteigend chromatographiert. Nach 2 Std Laufzeit entnimmt man das Chromatogramm, trocknet mittels Heißluftventilator und unterwirft den Streifen über Nacht der Autoradiographie ohne Filter oder Deckfolie.

Messung der Radioaktivität. Das radioaktive Material wird in Methanol gelöst und auf Aluminiumplanchetten aufgetragen. Auf die bereits erwähnten Standardplanchetten bringt man eine bekannte Menge, etwa 0,02 nMol Pipsylglycin-^{35}S in Acetonitril. Die Radioaktivität der auf den Planchetten befindlichen Substanzen wird unter Beachtung peinlichster Vorsicht vor möglicher Verunreinigung im geeigneten Zählgerät (Friesecke & Hoepfner, Durchflußzähler F-H 407 mit zwei Zählrohren, automatischem Probenwechsler F-H 516, Strahlungsmeßgerät F-H 49 und Zeitdrucker F-H 449) mit und ohne Aluminiumfilter von 25 μ Dicke gemessen. Durch den Filter werden 90% der Strahlung von ^{35}S und etwa 50% der ^{131}J-Aktivität zurückgehalten. Die Reihenfolge der Messung sieht zunächst die Bestimmung der Radioaktivität auf Planchetten mit ^{131}J vor. Es schließen sich Planchetten mit ^{35}S, Plasmaprobe und Standard an. Die Bestimmung erfolgt bei Vorwahl von 4000 I/min.

Zur Berechnung des gesuchten Quotienten ^{35}S/^{131}J werden zunächst die Anteile der den Filter passierenden Strahlung von ^{131}J ($= f_J$) und ^{35}S ($= f_S$) erfaßt. Ist die ohne Filter gemessene Gesamtstrahlung $= s$, die den Filter durchdringende aber $= c$, so gilt

$$Q = \frac{f_J - c/s}{c/s - f_S}$$

Die Aldosteronmenge in Mol ist dann durch den Ausdruck

$$\frac{\text{Mol}_x}{\text{Mol}_{st}} = \frac{Q_x}{Q_{st}}$$

gegeben, wobei Mol$_{st}$ die Molzahl von Pipsylglycin-^{35}S auf der Standardplanchette angibt.

Erläuterungen: Herstellung von Reagentien und Standard
Pipsan-^{35}S

Eine einfache und schnelle Synthese von Pipsan-^{35}S mit hoher spezifischer Aktivität wird von CHRISTENSEN [261] beschrieben.

Pipsan-^{131}J
Pipsan-^{131}J kann wie bei KESTON et al. [255] angegeben, aus Pipsylchlorid-^{131}J gewonnen werden. Eine bequeme Herstellungsweise findet sich ferner bei CHRISTENSEN [261].

Pipsylglycin-^{35}S
Pipsylglycin-^{35}S wird, wie bei BOJESEN [106] erwähnt, (S. 81) synthetisiert.

d, l-Aldosteronpipsylat-^{131}J
Die Überführung von 0,5—1 mg d, l-Aldosteron in das entsprechende Pipsylat-^{131}J mittels 6 mg Pipsan-^{131}J erfolgt im wesentlichen wie bei der Veresterung der Plasmaprobe, wobei jedoch die Volumina der benutzten Reagentien zu verdoppeln sind. Nach dem Waschen mit 0,1 n Schwefelsäure und Wasser verdampft man das Chloroform, nimmt mit einem Tropfen Chloroform auf und fällt mit Pentan. Der Niederschlag wird im Anschluß an Zentrifugieren mit Pentan behandelt, in Aceton aufgenommen und die Lösung diesmal mit Wasser versetzt. Das ausgefällte d, l-Aldosteronpipsylat-^{131}J trennt man durch Zentrifugieren und Dekantieren ab, wiederholt beide Fällungen je einmal und löst schließlich den Ester in wenigen Millilitern trocknen Benzols. Die Reinheit der erhaltenen Substanz läßt sich durch Papierchromatographie im Lösungsmittelsystem Formamid/Ligroin-Toluol (2:8 v/v) nachprüfen.

Ergebnisse
In Wiederauffindungsversuchen mit 0,05 und 0,1 μg d,l-Aldosteron, welche zu 18,5 bzw. 20 ml Plasma hinzugesetzt wurden, konnten 70—94% der zugefügten Menge nachgewiesen werden. Die Empfindlichkeit der Methode, die mit 0,001—0,005 μg angegeben wurde, hängt von der Meßgenauigkeit des Quotienten ^{35}S/^{131}J ab. Bei Verwendung von Pipsan-^{35}S mit der spezifischen Aktivität von 100 mC/mMol erhielt man für 0,001 μg Aldosteron einen Quotienten von 0,29 bei einem Meßfehler von etwa 10%. Auf Grund verschiedener Analysen von Hundeplasma scheint der Leerwert des Verfahrens praktisch bei 0 zu liegen. Die Spezifität der Methode ist durch ausgiebige Reinigung, Papierchromatographie und Überführung des Aldosterons in geeignete Derivate gewährleistet. Die Konzentration von Aldosteron in peripherem menschlichen Plasma überstieg in keinem Fall 0,02 μg/100 ml.

Zuverlässigkeitskriterien

Wie schon in der Einleitung erwähnt, eignen sich für eine Analyse von Plasmasteroiden lediglich solche Bestimmungsmethoden, die hinsichtlich ihrer Zuverlässigkeit gewisse Mindestbedingungen erfüllen. Die verschiedenen Zuverlässigkeitskriterien, wie sie von BORTH [*107*], DISCZFALUSY [*108*], LORAINE [*109*] und BROWN et al. [*123*] gefordert werden, seien in den nachstehenden Abschnitten näher erläutert.

1. Richtigkeit (accuracy)

Die Richtigkeit der mit einer beliebigen Bestimmungsmethode erzielbaren Ergebnisse kann durch Wiederauffindungsversuche ermittelt werden. Hierbei ist jedoch darauf zu achten, daß die dem Ausgangsmaterial zugesetzten Mengen des nachzuweisenden Steroids im Bereich der normalerweise beobachteten Konzentrationen liegen, da die Genauigkeit der Methode oft von der vorhandenen Konzentration abhängt.

Genügt für eine komplizierte Methode, die etwa Säulen- oder Papierchromatographie einschließt, eine Wiederauffindungsrate von 65—75%, so sollten bei einfacheren Verfahren über 90% des zugefügten Steroids wiedergefunden werden. Verluste, wie sie im Verlauf der Aufarbeitung eintreten, lassen sich durch Zusatz geringster Mengen radioaktiven Standards von hoher spezifischer Aktivität zur ursprünglichen Plasmaprobe feststellen und rechnerisch ausgleichen.

2. Genauigkeit (precision)

Jede quantitative Untersuchungsmethode ist mit Fehlerfaktoren behaftet, die im allgemeinen um so zahlreicher sind, je komplizierter die Methode ist. An solchen Fehlerquellen seien nur erwähnt Unterschiede im Reinheitsgrad der Reagentien und in der Genauigkeit der vor allem bei der Endpunktbestimmung eingesetzten Instrumente, sowie subjektive Meßfehler. Im angelsächsischen Schrifttum wird der Begriff der „repeatability" (Wiederholbarkeit) für die Genauigkeit des Analysenergebnisses in den Händen eines Untersuchenden verwendet und der Grad der Übereinstimmung der Ergebnisse in zwei verschiedenen Labors mit „reproducibility" (Reproduzierbarkeit) bezeichnet.

Die Genauigkeit einer quantitativen Bestimmungsmethode kann zahlenmäßig durch die statistischen Streuungsmaße auf Grund von Untersuchungsserien angegeben werden.

Zunächst sollten nach Möglichkeit Mehrfachbestimmungen am gleichen Plasma durchgeführt werden; leider scheitert deren Durchführung oft an den zu geringen Mengen verfügbaren Ausgangsmaterials. An Hand der erhaltenen Zahlenwerte lassen sich eine Reihe von Streuungsmaßen berechnen:

a) **Variationsbreite**, auch neuerdings Spannweite genannt. Dieses Maß ist die einfachste Kennzeichnung der Streuung und bedeutet die Differenz zwischen dem größten und kleinsten bestimmten Wert.

b) **Standardabweichung** oder mittlere quadratische Abweichung (s). Sie wird berechnet unter Bezugnahme auf das arithmetische Mittel der Bestimmungsserie ($\bar{x}$) nach der Formel:

$$s = \sqrt{\frac{\sum (x_i - \bar{x})^2}{N-1}}$$

N bedeutet dabei die Anzahl der Mehrfachbestimmungen (auch Umfang der Bestimmungsserie genannt), und durch x_i sind die Einzelwerte bezeichnet. Die Berechnung der Standardabweichung ist für die Durchführung einer statistischen Analyse von Bestimmungsserien unumgänglich. Insbesondere wird das Quadrat der Standardabweichung (s^2), allgemein als Varianz bezeichnet, häufig benötigt.

c) **Variabilitätskoeffizient** von K. PEARSON. Dieses Streuungsmaß erlaubt eine noch allgemeinere Aussage als die Standardabweichung. Es wird der prozentuale Anteil der Standardabweichung am arithmetischen Mittel berechnet, dadurch die Größenordnung der Meßzahlen als Faktor für die Größe der Streuung ausgeschaltet.

$$v \text{ in } \% = \frac{s}{\bar{x}} \cdot 100$$

d) **Standardabweichung eines Stichprobenmittels** ($s\bar{x}$). Eine Anzahl von Bestimmungsergebnissen am gleichen Material kann man statistisch als Stichprobe aus einer Grundgesamtheit auffassen, die sich durch einen genau definierten Mittelwert und eine bestimmte Verteilung der Werte, in den meisten Fällen nach einer Normalverteilung, auszeichnet und die theoretisch durch eine unendlich große Anzahl von Einzelbestimmungen festzulegen wäre. Bei Wiederholung der Stichproben am gleichen Material würde man feststellen, daß die ermittelten Stichprobendurchschnitte ($\bar{x}$) voneinander abweichen; der Grad dieser Streuung ($s\bar{x}$) hängt ab von der Standardabweichung der Einzelwerte nach der Beziehung

$$s\bar{x} = \frac{s x_i}{\sqrt{N}},$$

ist also umgekehrt proportional der Quadratwurzel aus dem Umfang der Stichprobe (N).

e) **Vertrauensgrenzen** (fiducial limits). Nach der Methode der größten Mutmaßlichkeit (maximum likelihood) kann man eine

Schätzung des Parameters einer Grundgesamtheit auf Grund der Ergebnisse einer Stichprobe vornehmen. Diese Schätzung ist jedoch mit einer gewissen Unsicherheit behaftet und es interessiert, innerhalb welcher Grenzen der Mittelwert des Grundkollektivs (μ) mit einer statistischen Sicherheit von 95% bzw. 99% zu erwarten ist. Ausgehend von dem Mittelwert $\bar{x}$ und der Standardabweichung s der Stichprobe kann man diese Grenzen mit Hilfe der t-Prüfverteilung ($t = \dfrac{\bar{x} - \mu}{s} \sqrt{N}$) bestimmen.

Wenn man für t den Tabellenwert bei einer Irrtumswahrscheinlichkeit von 5% und gegebener Anzahl der Freiheitsgrade einsetzt ($t_{0,05}$), so erhält man als untere Vertrauensgrenze

$$\mu_u = \bar{x} - \frac{s \cdot t_{0,05}}{\sqrt{N}}$$

und als obere Vertrauensgrenze

$$\mu_o = \bar{x} + \frac{s \cdot t_{0,05}}{\sqrt{N}}$$

f) Schätzung des Meßfehlers auf Grund von Doppelbestimmungen an verschiedenen Plasmaproben. Bei der oft geringen Plasmamenge läßt sich hier keine beliebig große Anzahl von Bestimmungen durchführen. Doppelbestimmungen sind in vielen Fällen aber ohne weiteres praktisch möglich. Man kann die Ergebnisse einer Anzahl (nach E. WEBER von möglichst mehr als 10) Doppelbestimmungen im Sinne einer $2 \times N$-Tafel zusammenstellen. Ist die Standardabweichung der Einzelwerte von Stichproben innerhalb eines größeren Konzentrationsbereichs einigermaßen konstant, so kann der Meßfehler abgeschätzt werden nach der Formel

$$s = \sqrt{\frac{\sum d_i^2}{2N}}$$

Darin bedeutet d_i die Variationsbreite der einzelnen Doppelbestimmungen und N die Anzahl der Plasmaproben, d. h. Doppelbestimmungen.

3. Empfindlichkeit (sensitivity)

Je größer die Genauigkeit einer Untersuchungsmethode, d. h. je kleiner die Streuung bei den Mehrfachbestimmungen ist, um so kleinere Konzentrationsunterschiede können mit dieser Methode festgestellt werden, sie ist um so empfindlicher. Für den Grad der Empfindlichkeit gibt es eine Reihe praktisch wichtiger Kriterien, die je nach Möglichkeit der Mehrfach-, Doppel- oder Einzelbestimmungen herangezogen werden.

a) Es sind beispielsweise zwei unabhängige Mehrfachbestimmungen an jeweils verschiedenen Plasmaproben durchgeführt worden und die ermittelten Ergebnisse sollen miteinander verglichen werden. Man berechnet für jede Versuchsserie die Mittelwerte $\bar{x}'$ und $\bar{x}''$ sowie die Varianzen sx'^2 und sx''^2. Die Formel für die Berechnung des Stichprobenfehlers eines Mittelwertes ist oben angegeben. Der Quotient zwischen der Differenz der bestimmten Stichprobenmittel ($\bar{x}' - \bar{x}'' = d$) und der zufallsmäßig zu erwartenden mittleren Abweichung der beiden Mittelwerte gibt Aufschluß darüber, ob es sich um einen Unterschied handelt, der durch Meßfehler bedingt ist, oder um einen echten Konzentrationsunterschied:

$$\frac{d}{\sqrt{\frac{sx_i'^2}{N_1} + \frac{sx_i''^2}{N_2}}} = \frac{d}{\sqrt{s\bar{x}'^2 + s\bar{x}''^2}}$$

Ist dieser Quotient größer als 3, dann liegt die beobachtete Mittelwertsdifferenz beider Stichproben außerhalb des dreifachen mittleren Fehlers. Die Unterschiede der Mittelwerte können dann also nicht nur auf Meßfehler zurückgeführt werden, sondern es handelt sich um einen echten Konzentrationsunterschied. Der niedrigste für einen echten Konzentrationsunterschied signifikante Wert von d ist somit

$$3\sqrt{s\bar{x}'^2 + s\bar{x}''^2}$$

b) Ein Maßstab für die Empfindlichkeit einer Methode läßt sich auch auf Grund einer genügend großen Anzahl von Mehrfachbestimmungen an einem Plasma geben, und zwar mit Hilfe der oben besprochenen Vertrauensgrenzen (fiducial limits). Die obere und untere Vertrauensgrenze des theoretischen Mittelwertes der Grundgesamtheit (μ) weichen vom bestimmten Mittelwert der Stichprobe ($\bar{x}$) jeweils um den Betrag $\frac{t_{0,05} \cdot sx_i}{\sqrt{N}}$ ab. Ist andererseits $\bar{x} - \mu > \frac{t_{0,05} \cdot sx_i}{\sqrt{N}}$ so handelt es sich hierbei um den kleinsten, bei einer Irrtumswahrscheinlichkeit von höchstens 5% zu unterscheidenden, echten Konzentrationsunterschied.

Dabei ist jedoch zu beachten, daß unter Umständen die methodische Genauigkeit konzentrationsabhängig ist, so daß die Empfindlichkeit, die bei einer bestimmten Konzentration ermittelt wurde, nur für begrenzte Konzentrationsbereiche gilt. Außerdem muß die Richtigkeit (accuracy) der bei bestimmten Konzentrationen gewonnenen Ergebnisse den üblichen Anforderungen entsprechen.

c) Sind die Standardabweichungen der Plasmaanalyse bei niedrigem Steroidspiegel (s_{Pl}) und der Bestimmung des Leerwertes (s_L)

einander ähnlich, so kann man die methodische Standardabweichung ungefähr angeben mit

$$s_{x_i} = \sqrt{s_{Pl}^2 + s_L^2}; \quad s_{x_i} \sim \sqrt{2} \cdot s_L$$

Bei der Berechnung der Empfindlichkeit kann man dann annäherungsweise die Größe s_L benützen, die sich bei der Möglichkeit praktisch unbegrenzt vieler Bestimmungen des Leerwertes genügend exakt festlegen läßt.

Ist man bei der Anwendung der Methode auf Einzelbestimmungen angewiesen, so wird die Trennschärfe der Methode geringer und man kann als Maß der Empfindlichkeit den Wert $6\,s_L$ angeben. Ein Wert, der gerade außerhalb dieser Grenze liegt, ist dann bei einer Irrtumswahrscheinlichkeit von 0,27% als die niedrigste bestimmbare Konzentration anzusehen; gleichsam ist das ein Maß für die kritische Konzentration (kleinster, signifikant zu trennender Konzentrationsunterschied).

Einschränkend zu diesem Empfindlichkeitsmaß muß gesagt werden, daß auch schon bei niedrigen Konzentrationen die maximale Abweichung von Einzelergebnissen größer sein kann als bei den Leerwertbestimmungen und die Heraufsetzung der kritischen Konzentration erforderlich ist. Darüber hinaus darf die Standardabweichung des Leerwertes nicht mit der des Plasmaleerwertes gleichgesetzt werden; die für den Reagentienleerwert gefundene mittlere quadratische Abweichung ist meist niedriger als die eines Plasmaextraktes ohne Steroid, so daß die berechnete Empfindlichkeit einen optimalen, jedoch praktisch nicht erreichbaren Wert darstellt.

4. Spezifität (specificity)

Die Spezifität einer Bestimmungsmethode ist bedingt durch die bei der Aufarbeitung benutzten Verfahrensschritte und die Endpunktbestimmung. Da jedoch bislang kein absolut spezifischer Nachweis für ein beliebiges Steroid zur Verfügung steht, bleibt eine weitgehende Reinigung der Plasmaextrakte die wichtigste Voraussetzung für eine spezifische Bestimmung. Auch die als streng spezifisch anzusehende Methode einer Infrarotabsorptionsmessung bedingt den Ausschluß jeglicher Verunreinigung. Um die Spezifität einer Methode zu erhöhen, kann man sich der Derivatbildung bedienen, wie etwa bei der Bestimmung der Harnoestrogene nach BROWN [121] oder der Analyse von Cortisol im Plasma nach BERLINER [68]. Zuletzt erlauben Bestimmungen einzelner Steroide im Plasma geeigneter Versuchspersonen — (etwa nach Entfernung des steroidbildenden Organs, wie z. B. bei Adrenalektomie) — deren

Plasma keinerlei Steroid enthalten sollte, gewisse Hinweise bezüglich der Spezifität.

Reinigung der Reagentien

Im vorangehenden Abschnitt wurde bereits darauf hingewiesen, daß angesichts der geringen Mengen zu bestimmender Plasmasteroide eine größtmögliche Reinheit der endgültigen Extrakte gefordert werden muß. Die bei der Aufarbeitung des Plasmas und vor allem die bei der quantitativen Bestimmung benutzten Reagentien können offensichtlich zur Verunreinigung des Endextraktes beitragen oder eine Farbreaktion beeinträchtigen. Wird doch z. B. die wechselnde Ausbeute bei Säulenchromatographie von Corticosteroiden an Silicagel [64] der Verwendung unreinen Chloroforms zugeschrieben.

Da die Güte der im Handel erhältlichen Reagentien und Lösungsmittel unterschiedlich und zudem oft auch gewissen Schwankungen unterworfen ist, empfiehlt es sich, bei derartig verfeinerten Analysenverfahren stets analytische Reagentien zu verwenden. In vielen Laboratorien ist man sogar dazu übergegangen, sämtliche Lösungsmittel vor Gebrauch noch einmal fraktioniert zu destillieren unter Benutzung einer geeigneten Kolonne. Festsubstanzen dagegen kristallisiert man aus einem passenden Lösungsmittel um, gegebenenfalls in Gegenwart von Aktivkohle. Im Nachstehenden soll eine kurze Übersicht über gebräuchliche Reinigungsverfahren der bei Steroidanalysen eingesetzten Lösungsmittel und Reagentien gegeben werden.

Gesättigte Kohlenwasserstoffe: Ligroin, Petroläther, Pentan, Hexan, Cyclohexan.

Während eine Reinigung durch Destillation über festem Natriumhydroxyd bei Verwerfen des Vor- und Nachlaufs von je 0,1 Vol von CARSTENSEN [262] befürwortet wird, erscheint auch folgendes Verfahren [163] geeignet: Das Lösungsmittel wird 24 Std unter öfterem Umschütteln mit 0,1 Vol konz. Schwefelsäure behandelt. Anschließend wäscht man mit Wasser bis zur neutralen Reaktion des Waschwassers, trocknet über Calciumchlorid und destilliert. Zur Gewinnung wasserfreier Lösungsmittel dient ein mehrtägiges Stehen über Natrium mit anschließender Destillation.

Aromatische Kohlenwasserstoffe: Benzol, Toluol.

Die aromatischen Kohlenwasserstoffe können, wie bei den gesättigten Kohlenwasserstoffen angegeben, gereinigt werden. Nach BAULD et al. [137] schüttelt man Toluol sechsmal mit je 0,1 Vol konz. Schwefelsäure für jeweils 30 min, wäscht mit Wasser, 1 n Natriumcarbonatlösung, Wasser und destilliert. Das Destillat wird über Nacht mit 0,1 Vol konz. Schwefelsäure behandelt, wie zuvor gewaschen und schließlich erneut destilliert.

Äther
Äther läßt sich vorteilhaft durch Waschen mit 0,1 Vol 20% Natronlauge und genügend Wasser, Trocknen über Calciumchlorid und Destillation reinigen (Kp 34,6°C).

Dioxan
Zur Reinigung von Dioxan bewahrt man das Lösungsmittel mehrere Tage über festem Kaliumhydroxyd auf und destilliert im Vakuum über weiterem Kaliumhydroxyd (Kp 100,8°C).

Aceton
Wird verdünnte Kaliumpermangatlösung durch Aceton entfärbt, so destilliert man über festem Kaliumpermanganat (Kp 56,3°C). Für ein Trocknen von Aceton eignet sich wasserfreies Kaliumcarbonat.

Tetrachlorkohlenstoff
Tetrachlorkohlenstoff wird mehrere Tage über Calciumchlorid oder Kaliumcarbonat aufbewahrt, bevor man destilliert (Kp 76,7°C). Gegebenenfalls wendet man auch die bei Chloroform angeführten Reinigungsverfahren an.

Chloroform
Außer einer zweifachen Destillation über wasserfreiem Kaliumcarbonat [207] oder über festem Natriumhydroxyd [262] (50 g/ 1000 ml) kommt für die Reinigung von Chloroform [259], wie auch von Methylenchlorid [49] eine Chromatographie an Silicagel (Davison Chem. Co, 200 mesh) in Frage, wobei eine Säule von 5 × 20 cm des aktivierten Silicagels zur Säuberung von etwa 4 l ausreicht. Nach TAMM u. STARLINGER [64] bewährte sich ferner eine Behandlung von Chloroform mit konz. Schwefelsäure bis zur völligen Farblosigkeit derselben, Waschen mit Wasser, Trocknen über geglühtem Kaliumcarbonat und Destillation an einer Kolonne (Kp 61,2°C).

Methylenchlorid
Wie bei Chloroform beschrieben (Kp 41,6°C).

Äthylacetat

Eine ausreichende Reinigung von Äthylacetat wird durch 12—24stündiges Kochen desselben über 25 g festem Natriumhydroxyd/1000 ml und nachfolgende Destillation erzielt [262]. Statt dessen scheint auch eine Destillation über gepulvertem Calciumoxyd den Anforderungen zu genügen (Kp 77,1°C) [11, 49].

Methanol

Im allgemeinen gilt eine zweimalige Destillation über 1—2 g 2,4-Dinitrophenylhydrazin/1000 ml als ausreichend [52]. In einem etwas abgewandelten Verfahren [263] läßt man 1000 ml abs. Methanol mit 0,5 g 2,4-Dinitrophenylhydrazin und 0,5 ml konz. Salzsäure über Nacht bei Zimmertemperatur stehen, destilliert mittels Vigreux-Kolonne und verwirft den Vorlauf von 75—100 ml (Kp 64,7°C).

Äthanol

Bei einem bewährten Reinigungsverfahren [264] werden 1000 ml abs. Äthanol 12 Std mit 50 g Zinkstaub und 50 g Natriumhydroxyd behandelt, anschließend filtriert und nach Zugabe von 2,5 g m-Phenylendiaminhydrochlorid erneut eine Woche unter Lichtausschluß aufbewahrt, bevor man filtriert und zweimal destilliert. Vor- und Nachlauf jeder Destillation werden verworfen. Eine zweimalige Destillation über 2,4-Dinitrophenylhydrazin [262] oder Kaliumhydroxyd [265] wird gleichfalls erwähnt. An Stelle einer Behandlung abs. Äthanols mit Zink und Natriumhydroxyd kann auch ein Zusatz von 16,9 g Silbernitrat und 5,6 g Kaliumhydroxyd pro 2000 ml Verwendung finden. Nach zweitägigem Stehen destilliert man die (filtrierte) Lösung, evtl. im Vakuum über Natriumhydroxyd und unter Stickstoff, wobei die erste Hälfte des Destillats als Vorlauf und ein Nachlauf von 0,1 Vol zu verwerfen sind [262].

Soll Äthanol als Lösungsmittel bei der Reduktion von Tetrazoliumsalz benutzt werden, so empfiehlt sich eine Destillation nach 24stündiger Behandlung mit BT („Blaues Tetrazoliumsalz") und 5 ml ges. Kalilauge in abs. Äthanol/l Äthanol (Kp 78,3°C) [49].

Butanol

Butanol wird je einmal über 25 g Thioharnstoff/1000 ml und festem Natriumhydroxyd destilliert, wobei jedesmal Vor- u. Nachlauf von jeweils 0,2 Vol verworfen werden (Kp 117°C) [262].

Formamid

Eine Reinigung von Formamid gelingt durch Behandlung mit geeignetem Ionenaustauscher und anschließende Vakuumdestillation (Kp 105°C).

Pyridin

Man kocht Pyridin- 4—6 Std unter Rückfluß über Kaliumhydroxyd oder Bariumoxyd und destilliert (Kp 115,5° C) [259].

Essigsäure

Essigsäure wird 4—6 Std mit einem Überschuß an Chromtrioxyd unter Rückfluß gekocht und nach Dekantieren über frischem Chromtrioxyd fraktioniert destilliert (Kp 118,1° C) [259].

Essigsäureanhydrid

Zur Reinigung von Essigsäureanhydrid kocht man 4—6 Std über Calciumcarbid und destilliert, wobei die Fraktion mit einem Kochpunkt von 139° C gesammelt wird [259].

„Blaues Tetrazoliumsalz"

Infolge der unterschiedlichen Reinheit handelsüblicher Präparate ist eine Reinigung des Tetrazoliumsalzes angezeigt [49]. Hierzu löst man 5 g in heißem 95% Äthanol und läßt nach Zugabe von 1 g Aktivkohle (Norit A) wenigstens 30 min bei 60° C stehen. Man filtriert von der Aktivkohle ab, kühlt auf Zimmertemperatur und fügt soviel Äther hinzu, bis eine schwach gelbliche Trübung eintritt. Nach längerem Stehen im Eisschrank saugt man ab und trocknet im Vakuumexsiccator.

Phenylhydrazinhydrochlorid

Zum Umkristallisieren von Phenylhydrazinhydrochlorid verwendet man Äthanol unter Zusatz von Aktivkohle. Ein dreimaliges Umkristallisieren erweist sich als ausreichend [207].

m-Dinitrobenzol

Während im allgemeinen eine Reinigung des im Handel erhältlichen m-Dinitrobezol, reinst, durch Umkristallisieren aus der fünffachen Menge 95% Äthanol unter Verwendung von Aktivkohle (Hälfte des Gewichts von m-Dinitrobenzol) ausreicht [266], kann auch die von SHEATH [267] ausgearbeitete sowie nachfolgende Vorschrift benutzt werden: Man löst 20 g m-Dinitrobenzol in 750 ml

Äthanol, gibt zur warmen Lösung 100 ml 2 n Natronlauge und versetzt nach 5 min mit 2500 ml Wasser. Der Niederschlag wird abgesaugt, mit viel Wasser gewaschen und zweimal aus 120 bzw. 80 ml abs. Äthanol umkristallisiert. 1 Vol einer 1% Lösung darf mit 1 Vol 2 n Natronlauge innerhalb 1 Std keine Färbung ergeben (Fp = 90,5 — 91,0° C).

Literatur

[1] ZIMMERMANN, W.: Hoppe-Seylers Z. physiol. Chem. **233**, 251 (1935).
[2] DORFMAN, R. I.: I. Int. Kongr. Endokrin., Kopenhagen 1960, XI, 3.
[3] ZIMMERMANN, W.: Vitam. u. Horm. **5**, 271 (1944).
[4] MIGEON, C. J., F. H. TYLER, J. P. MAHONEY, A. A. FLORENTIN, H. CASTLE, E. L. BLISS and L. T. SAMUELS: J. clin. Endocr. **16**, 622 (1956).
[5] LIEBERMANN, S., and S. TEICH: Pharmacol. Rev. **5**, 285 (1953).
[6] SCHELLMAN, J. A., R. LUMRY and L. T. SAMUELS: J. Amer. chem. Soc. **76**, 2808 (1954).
[7] BISCHOFF, F., R. D. STAUFFER and C. L. GRAY: Amer. J. Physiol. **177**, 65 (1954).
[8] ROBERTS, S., and C. M. SZEGO: Ann. Rev. Biochem. **24**, 543 (1955).
[9] SANDBERG, A. A., W. R. SLAUNWHITE and H. N. ANTONIADES: Recent Progr. Hormone Res. **13**, 209 (1957).
[10] DAUGHADAY, W. H.: Physiol. Rev. **39**, 885 (1959).
[11] SLAUNWHITE, W. R., and A. A. SANDBERG: J. clin. Invest. **38**, 384 (1959).
[12] — — J. clin. Invest. **38**, 1290 (1959).
[13] BORTH, R.: Chimia **10**, 19, 81 (1956).
[14] BRAUNSBERG, H., and V. H. T. JAMES: J. clin. Endocr. **21**, 1146 (1961).
[15] BURSTEIN, S.: Science **124**, 1030 (1956).
[16] AXELROD, L. R., and A. ZAFFARONI: Arch. Biochem. **50**, 347 (1954).
[17] LOMBARDO, M. E., P. H. MANN, T. A. VISCELLI and P. B. HUDSON: J. biol. Chem. **212**, 345 (1955).
[18] KALANT, H.: Biochem. J. **69**, 99 (1958).
[19] RYAN, K. J., and L. L. ENGEL: Endocrinology **59**, 499 (1959).
[20] LEVY, H., and S. KUSHINSKY: Recent Progr. Hormone Res. **9**, 357 (1954).
[21] MEYER, A. S.: J. biol. Chem. **203**, 469 (1953).
[22] BONDY, P. K., D. ABELSON, J. SCHEUER, T. K. L. TSEU and V. UPTON: J. biol. Chem. **224**, 47 (1957).
[23] SOMMERVILLE, I. F., and G. N. DESHPANDE: J. clin. Endocr. **18**, 1223 (1958).
[24] ITTRICH, G.: Hoppe Seylers Z. Physiol. Chem. **320**, 103 (1960).
[25] PREEDY, J. R. K., and E. H. AITKEN: J. biol. Chem. **236**, 1297 (1961).
[26] PLAGER, J. E., L. T. SAMUELS, A. BALLARD, F. H. TYLER and H. H. HECHT: J. clin. Endocr. **17**, 1 (1957).
[27] MIGEON, C. J., A. A. SANDBERG, H. A. DECKER, D. F. SMITH, A. C. PAUL and L. T. SAMUELS: J. clin. Endocr. **16**, 1137 (1956).
[28] PETERSON, R. E., A. KARRER and S. L. GUERRA: Analyt. Chem. **29**, 144 (1957).
[29] WU, C., and H. L. MASON: Proc. Mayo Clin. **33**, 627 (1958).

[30] MIGEON, C. J., B. LAWRENCE, J. BERTRAND and G. H. HOLMAN: J. clin. Endocr. **19**, 1411 (1959).
[31] HARWOOD, C. T., and J. W. MASON: J. clin. Endocr. **16**, 790 (1956).
[32] LEWIS, B.: J. clin. Path. **10**, 148 (1957).
[33] DE MOOR, P., O. STEENO, M. RASKIN and A. HENDRIKX: Acta endocr. (Kbh.) **33**, 291 (1960).
[34] MIGEON, C. J., and J. E. PLAGER: J. clin. Endocr. **15**, 702 (1955).
[35] CLAYTON, C. W., A. M. BONGIOVANNI and C. PAPADATOS: J. clin. Endocr. **15**, 693 (1955).
[36] TAMM, J., I. BECKMANN u. K. D. VOIGT: Acta endocr. (Kbh.) **27**, 403 (1958).
[37] STAIB, W., W. TELLER u. H. PELZER: Biochim. biophys. Acta **31**, 591 (1959).
[38] MASON, M., and E. GULLEKSON: J. Amer. chem. Soc. **81**, 1517 (1959).
[39] LIEBERMAN, S., B. MOND and E. SMYLES: Recent Progr. Hormone Res. **9**, 113 (1954).
[40] SCHNEIDER, J. J., and M. L. LEWBART: Recent Progr. Hormone Res. **15**, 201 (1959).
[41] JAYLE, M. F.: IV. Int. Kongr. Biochem., Wien 1958, IV, 44, Pergamon Press 1959.
[42] BAULIEU, E. E.: J. clin. Endocr. **20**, 900 (1960).
[43] — Experientia (Basel) **17**, 110 (1961).
[44] OERTEL, G. W., and K. B. EIK-NES: I. Int. Kongr. Endokrinol., Kopenhagen 1960, 111.
[45] — Biochem. Z. **334**, 431 (1961).
[46] REDDY, W. J., A. HAYDAR, J. C. LAIDLAW, A. E. RENOLD and G. W. THORN: J. clin. Endocr. **16**, 380 (1956).
[47] BONGIOVANNI, A. M., and W. R. EBERLEIN: Proc. Soc. exp. Biol. (N. Y.) **89**, 281 (1955).
[48] CERESA, F., and C. A. CRAVETTO: Acta endocr. (Kbh.) **29**, 321 (1958).
[49] WEICHSELBAUM, T. E., and H. W. MARGRAF: J. clin. Endocr. **15**, 970 (1955).
[50] DELSAL, J. L.: C. R. Acad. Sci. (Paris) **244**, 2252 (1957).
[51] GOLDZIEHER, J. W., R. A. BAKER and E. C. RIHA: J. clin. Endocr. **21**, 62 (1961).
[52] KORNEL, L.: J. Lab. clin. Med. **54**, 659 (1959).
[53] SCHNEIDER, J. J., and M. L. LEWBART: J. biol. Chem. **222**, 787 (1956).
[54] VOIGT, K. D., M. LEMMER u. J. TAMM: Biochem. Z. **331**, 356 (1959).
[55] BURSTEIN, S., and S. LIEBERMAN: J. biol. Chem. **233**, 331 (1958).
[56] SEGAL, L., B. SEGAL and W. R. NES: J. biol. Chem. **235**, 3108 (1960).
[57] BURSTEIN, S., G. M. JACOBSOHN and S. LIEBERMAN: J. Amer. chem. Soc. **82**, 1226 (1960).
[58] BONGIOVANNI, A. M., and W. R. EBERLEIN: J. clin. Endocr. **15**, 1524 (1955).
[59] TAMM, J., I. BECKMANN u. K. D. VOIGT: Acta endocr. (Kbh.) **27**, 292 (1958).
[60] HENRY, R., P. JARRIGE et M. THEVENET: Bull. Soc. Chim. biol. (Paris) **34**, 872, 886, 897 (1952).
[61] BROWN, J. B.: Lancet **270**, 704 (1956).
[62] OERTEL, G. W., and K. B. EIK-NES: Acta Endocr. (Kbh.) **28**, 293 (1958).
[63] BUTT, W. R., P. MORRIS, C. J. O. R. MORRIS and D. C. WILLIAMS: Biochem. J. **49**, 434 (1951).

[64] TAMM, J., u. H. STARLINGER: IV. Symp. Dtsch. Ges. Endokrin. S.309. Berlin-Göttingen-Heidelberg: Springer 1957.
[65] TAKEDA, R.: Endocr. jap. **3**, 73 (1956).
[66] KASSENAAR, A., A. MOLENAAR, J. NIJLAND and A. QUERIDO: J. clin. Endocr. **14**, 746 (1954).
[67] SAMUELS, L. T.: J. biol. Chem. **168**, 471 (1947).
[68] BERLINER, D. L.: Proc. Soc. exp. Biol. (N. Y.) **94**, 126 (1957).
[69] HECKER, E.: Verteilungsverfahren im Laboratorium. Weinheim: Verlag Chemie 1955.
[70] ENGEL, L. L., and I. T. NATHANSON: Ciba Found. Coll. Endocrinology **2**, 104 (1952).
[71] CARSTENSEN, H.: Acta chem. scand. **9**, 1026 (1955).
[72] OERTEL, G. W., C. D. WEST and K. B. EIK-NES: J. clin. Endocr. **19**, 1619 (1959).
[73] HUIS IN'T VELD, I. G.: Scand. J. clin. Lab. Invest. **10** (Suppl. 31), 113 (1957).
[74] NEHER, R.: Chromatographie von Steroiden. Amsterdam: Elsevier Publ. Comp. 1958.
[75] KELLIE, A. E., and E. R. SMITH: Biochem. J. **66**, 490 (1957).
[76] NAKAO, T., and Y. AIZAWA: Endocr. jap. **3**, 92 (1956).
[77] BAULIEU, E. E.: Rev. franç. Et. clin. biol. **4**, 928 (1959).
[78] OERTEL, G. W.: Acta endocr. (Kbh.) **37**, 301 (1961).
[79] NELSON, D. H., and L. T. SAMUELS: J. clin. Endocr. **12**, 519 (1952).
[80] GARDNER, L. E.: J. clin. Endocr. **13**, 941 (1953).
[81] CONRAD, S., V. MAHESH and W. HERMANN: J. clin. Invest. **40**, 947 (1961).
[82] SWEAT, M. L.: Analyt. Chem. **26**, 1964 (1954).
[83] REICH, M.: Aust. J. exp. Biol. Med. Sci. **36**, 555 (1958).
[84] MCLAUGHLIN, J., T. J. KAMIECKI and I. GRAY: Analyt. Chem. **30**, 517 (1958).
[85] SIMPSON, S. A., and J. F. TAIT: Ciba Found. Coll. Endocrinology **8**, 204 (1955).
[86] BRAUNSBERG, H., and V. H. T. JAMES: J. Endocr. **21**, 333 (1960).
[87] BUSH, I. E.: Brit. med. Bull. **10**, 229 (1954). — Biochem. J. **50**, 370 (1952).
[88] ZAFFARONI, A.: Recent Progr. Hormone Res. **8**, 51 (1953).
[89] PECHET, M. M.: Science **121**, 39 (1955)·
[90] HEFTMANN, E.: Chem. Rev. **55**, 679 (1955).
[91] REINEKE, L. M.: Analyt. Chem. **28**, 1853 (1956).
[92] BUSH, I. E.: Chromatography of Steroids. London: Pergamon Press 1961.
[93] BONDY, P. K., and G. V. UPTON: Proc. Soc. exp. Biol. (N. Y.) **94**, 585 (1957).
[94] ZANDER, J., u. H. SIMMER: Klin. Wschr. **32**, 529 (1954).
[95] PORTER, C. C., and R. H. SILBER: J. biol. Chem. **185**, 201 (1950).
[96] KOBER, S.: Biochem. J. **32**, 357 (1938).
[97] NEUNHOEFFER, O., K. THEWALT u. W. ZIMMERMANN: Hoppe Seyler's Z. physiol. Chem. **323**, 116 (1961).
[98] BARTON, D. H. R., T. C. MCMORRIS and R. SEGOVIA: J. chem. Soc. 1961, 2027.
[99] OERTEL, G. W., and K. B. EIK-NES: Analyt. Chem. **31**, 98 (1959).
[100] HOLLANDER, V. P., and J. VINECOUR: Analyt. Chem. **30**, 1429 (1958).

[101] BERLINER, D. L., O. V. DOMINGUEZ and G. WESTENSKOW: Analyt. Chem. **29**, 1797 (1957).
[102] PETERSON, R. E.: J. biol. Chem. **225**, 25 (1957).
[103] HOLLANDER, N., and V. P. HOLLANDER: J. clin. Endocr. **18**, 966 (1958).
[104] KLIMAN, B., and R. E. PETERSON: J. biol. Chem. **235**, 1640 (1960).
[105] SVENDSEN, R.: Acta endocr. (Kbh.) **35**, 161 (1960).
[106] BOJESEN, E.: Scand. J. clin. Lab. Invest. 8, 55 (1956).
[107] BORTH, R.: Ciba Found. Coll. Endocrinology 2, 45 (1952).
[108] DICZFALUSY, E.: Acta endocr. (Kbh.) Suppl. **31**, 11 (1957).
[109] LORAINE, J. A.: The Clinical Application of Hormone Assay. Edinburgh: Livingstone 1958.
[110] DICZFALUSY, E., u. CH. LAURITZEN: Oestrogene beim Menschen. Berlin-Göttingen-Heidelberg: Springer 1961.
[111] PURDY, R. H., L. L. ENGEL and J. L. ONCLEY: J. biol. Chem. **236**, 1043 (1961).
[112] VELDHUIS, A. H.: J. biol. Chem. **202**, 107 (1953).
[113] MARRIAN, G. F., and W. S. BAULD: Acta endocr. (Kbh.) 7, 240 (1951).
[114] NAPP, J. H.: Acta endocr. (Kbh.) Suppl. **31**, 48 (1957).
[115] BROWN, J. B., and H. A. BLAIR: J. Endocr. **17**, 411 (1958).
[116] MARRIAN, G. F., E. J. D. WATSON and M. PANATTONI: Biochem. J. **65**, 12 (1957).
[117] HEUSGHEM, C., et W. VERLY: Ann. Endocr. (Paris) **15**, 356 (1954).
[118] JAYLE, M. F., R. SCHOLLER et M. HÉRON: Bull. soc. roy. belge Gynéc. Obstét. **30**, 252 (1960).
[119] COHEN, S. L., and G. F. MARRIAN: Biochem. J. **28**, 1603 (1934).
[120] ENGEL, L. L., and I. T. NATHANSON: J. biol. Chem. **185**, 255 (1950).
[121] BROWN, J. B.: Biochem. J. **60**, 185 (1955).
[122] BAULD, W. S.: Biochem. J. **63**, 488 (1956).
[123] BROWN, J. B., R. O. BULBROOK and F. C. GREENWOOD: J. Endocr. **16**, 41 (1957).
[124] DICZFALUSY, E., and A. WESTMAN: Acta endocr. (Kbh.) **21**, 321 (1956).
[125] — and M. HALLA: Acta endocr. (Kbh.) **27**, 303 (1958).
[126] ITTRICH, G.: Hoppe Seylers Z. physiol. Chem. **312**, 1 (1958).
[127] KUSHINSKY, S., J. A. DEMETRIOU, W. NASUTAVICUS and J. WU: Nature (Lond.) **182**, 874 (1958).
[128] VELLE, W.: Acta endocr. (Kbh.) **28**, 192 (1958).
[129] BUSH, I. E.: Biochem. J. **67**, 3P (1957).
[130] BAULD, W. S., and R. M. GREENWAY: in Methods of Biochemical Analysis, D. GLICK, Edit. 5, 337, Interscience Publ. 1957.
[131] MIGEON, C. J., W. R. SLAUNWHITE, R. ALDOUS, R. FOX, R. HARDY, D. JOHNSON and W. PERKINS: J. clin. Endocr. **15**, 775 (1955).
[132] BREUER, H.: Naturwissenschaften **42**, 16 (1955).
[133] STRUCK, G.: Naturwissenschaften **45**, 41 (1958).
[134] FINKELSTEIN, M.: Acta endocr. (Kbh.) **10**, 149 (1952).
[135] GOLDZIEHER, J. W.: Endocrinology **53**, 527 (1953).
[136] AITKEN, E. H., and J. R. K. PREEDY: J. Endocr. **9**, 251 (1953).
[137] BAULD, W. S., M. L. GIVNER, L. L. ENGEL and J. W. GOLDZIEHER: Canad. J. Biochem. **38**, 213 (1960).
[138] OERTEL, G. W.: Clin. chim. Acta **6**, 237, 242 (1961).
[139] ITTRICH, G.: Acta endocr. **35**, 34 (1960).
[140] LEEGWATER, D. C.: Nature (Lond.) **178**, 916 (1956).
[141] TAYLOR, D.: The Measurement of Radio Isotopes. London: Methuen & Co., 1951.

[142] MORRIS, C. J. O. R., and D. C. WILLIAMS: Biochem. J. **54**, 470 (1953).
[143] ALLEN, W. M.: J. clin. Endocr. **10**, 91 (1950).
[144] MIGEON, C. J., and J. E. PLAGER: J. biol. Chem. **209**, 167 (1954).
[145] — J. biol. Chem. **218**, 941 (1956).
[146] OERTEL, G. W., and K. B. EIK-NES: Arch. Biochem. **92**, 150 (1961).
[147] — — Proc. Soc. exp. Biol. (N. Y.) **192**, 553 (1959).
[148] PINCUS, G., and E. B. ROMANOFF: Ciba Found. Coll. Endocrinology **8**, 97 (1955).
[149] BUSH, I. E., J. SWALE and J. PATERSON: Biochem. J. **62**, 16P (1956).
[150] SAVARD, K., R. I. DORFMAN and E. POUTASSE: J. clin. Endocr. **12**, 335 (1952).
[151] LUCAS, W. M., W. F. WHITMORE and C. D. WEST: J. clin. Endocr. **17**, 465 (1957).
[152] FINKELSTEIN, M., F. FORCHIELLI and R. I. DORFMAN: J. clin. Endocr. **21**, 98 (1961).
[153] KOENIG, V. L., F. MELZER, C. M. SZEGO and L. T. SAMUELS: J. biol. Chem. **141**, 487 (1941).
[154] OERTEL, G. W.: Acta endocr. (Kbh.) **37**, 237 (1961).
[155] REICH, H., K. GRAUE and S. SANFILIPPO: J. org. Chem. **18**, 822 (1953).
[156] SAVARD, K.: J. biol. Chem. **202**, 457 (1953).
[157] RYAN, K. J.: J. biol. Chem. **234**, 268 (1959).
[158] FINKELSTEIN, M., S. BECK, O. KLEIN, V. PFEIFFER and L. BEITH: J. clin. Endocr. (im Druck).
[159] OERTEL, G. W.: Naturwissenschaften **46**, 17, 18 (1956).
[160] DUMAZERT, C., et G. VALENSI: C. R. Soc. Biol. (Paris) **146**, 471 (1952).
[161] TAMM, J., I. BECKMANN u. K. D. VOIGT: Acta endocr. (Kbh.) Suppl. **31**, 219 (1957).
[162] SAIER, E. L., E. CAMPBELL, A. S. STRICKLER and R. S. GRAUER: J. clin. Endocr. **19**, 1162 (1959).
[163] HUDSON, B., and G. W. OERTEL: Analyt. Biochem. **2**, 248 (1961).
[164] OERTEL, G. W., and E. KAISER: Clin. chim. Acta **7**, 221 (1962)
[165] CRÉPY, O., M. F. JAYLE et F. MESLIN: Acta endocr. (Kbh.) **24**, 233 (1957).
[166] OERTEL, G. W., and K. B. EIK-NES: J. biol. Chem. **232**, 543 (1958).
[167] DREKTER, I. J., A. HEISLER, G. R. SCISM, S. STERN, S. PEARSON and T. H. MCGAVACK: J. clin. Endocr. **12**, 55 (1952).
[168] ALLEN, W. M., S. J. HAYWARD and A. PINTO: J. clin. Endocr. **10**, 54 (1950).
[169] OERTEL, G. W., and K. B. EIK-NES: Arch. Biochem. **93**, 392 (1961).
[170] — Acta endocr. (Kbh.) **37**, 301 (1961).
[171] — Acta endocr. (Kbh.) **16**, 263 (1954).
[172] BUSH, I. E., and M. WILLOUGHBY: Biochem. J. **67**, 689 (1957).
[173] — and A. A. SANDBERG: J. biol. Chem. **205**, 783 (1953).
[174] SWEAT, M. L.: J. clin. Endocr. **15**, 104 (1955).
[175] VERMEULEN, A.: Acta endocr. (Kbh.) **22**, 115 (1956).
[176] EBERLEIN, W. R., and A. M. BONGIOVANNI: J. biol. Chem. **223**, 85 (1956).
[177] KLEIN, R., J. FORTUNATO, J. LARON and C. J. PAPADATOS: J. clin. Endocr. **17**, 256 (1957).
[178] OERTEL, G. W., and K. B. EIK-NES: Arch. Biochem. **86**, 144 (1960).
[179] PASQUALINI, J. R.: I. Int. Kongr. Endokrinol., Kopenhagen 1960, S. 540.
[180] HUDSON, P. B., and M. E. LOMBARDO: J. clin. Endocr. **15**, 324 (1955).

[181] PEARLMAN, W. H., and E. CERCEO: J. biol. Chem. **203**, 127 (1953).
[182] EDGAR, D. G.: Biochem. J. **54**, 50 (1953).
[183] HINSBERG, K., H. PELZER u. A. SEUKEN: Biochem. Z. **328**, 117 (1956).
[184] SHORT, R. W.: J. Endocr. **16**, 415 (1958).
[185] OERTEL, G. W., S. P. WEISS and K. B. EIK-NES: J. clin. Endocr. **19**, 213 (1959).
[186] DANNENBERG, H.: Abh. preuss. Akad. Wiss., math. naturwiss. Kl. **21**, 1939.
[187] DORFMAN, R. I.: Chem. Rev. **53**, 47 (1953).
[188] UMBERGER, E. J.: Analyt. Chem. **27**, 768 (1955).
[189] OERTEL, G. W., I. BECKMANN and K. B. EIK-NES: Arch. Biochem. **86**, 148 (1960).
[190] EBERLEIN, W. R., A. M. BONGIOVANNI and FRANCIS C.: J. clin. Endocr. **18**, 300 (1958).
[191] HARTMANN, M., u. F. LOCHNER: Helv. chim. Acta **18**, 160 (1935).
[192] MARKER, R. E., S. E. BINKLEY, E. WHITTLE and E. J. LAWSON: J. Amer. chem. Soc. **60**, 1904 (1938).
[193] OERTEL, G. W., and E. KAISER: Klin. Wschr. **39**, 492 (1961).
[194] BORTH, R.: Vitam. and Horm. **15**, 259 (1957).
[195] GOLD, J. J.: J. clin. Endocr. **17**, 296 (1957).
[196] NEHER, R.: Advanc. clin. Chem. **1**, 127 (1958).
[197] BLISS, E. L., A. A. SANDBERG, D. H. NELSON and K. B. EIK-NES: J. clin. Invest. **32**, 818 (1953).
[198] EIK-NES, K. B., D. H. NELSON and L. T. SAMUELS: J. clin. Endocr. **13**, 1280 (1953).
[199] PERKOFF, G. T., A. A. SANDBERG, D. H. NELSON and L. T. SAMUELS: A. M. A. Arch. intern. Med. **93**, 1 (1954).
[200] PETERSON, R. E., J. B. WYNGAARDEN, S. L. GUERRA, B. B. BRODIE and J. J. BUNIM: J. clin. Invest. **34**, 1779 (1955).
[201] TAIT, J. F.: Diskussionsbemerkung zu I. E. BUSH: Ciba Found. Coll. Endocrinology **11**, 284 (1957).
[202] BONGIOVANNI, A. M.: J. clin. Endocr. **14**, 341 (1954).
[203] KLEIN, R., C. PAPADATOS, J. FORTUNATO and C. BYERS: J. clin. Endocr. **15**, 215 (1955).
[204] LITTLE, B., V. K. VANCE and E. ROSSI: J. clin. Endocr. **18**, 49 (1958).
[205] HARWOOD, C. T., and J. W. MASON: J. clin. Endocr. **16**, 790 (1956).
[206] SILBER, R. H., and R. D. BUSCH: J. clin. Endocr. **15**, 505 (1955).
[207] EIK-NES, K. B.: J. clin. Endocr. **17**, 502 (1957).
[208] ROBERTSON, W. G., and J. P. MIXNER: J. dairy Sci. **39**, 589 (1956).
[209] ROMANOFF, E. B., P. HUDSON and G. PINCUS: J. clin. Endocr. **13**, 1546 (1953).
[210] ENDRÖCZI, E., G. BATA u. J. MARTIN: Endokrinologie **35**, 280 (1958).
[211] NOWACZYNSKI, W., and J. GENEST: J. clin. Endocr. **15**, 310 (1955).
[212] DEVENUTO, F., S. J. MULÉ and U. WESTPHAL: Arch. Biochem. **73**, 451 (1958).
[213] BUSH, I. E.: J. Endocr. **9**, 95 (1953).
[214] KASSENAAR, A., A. MOLENAAR and H. NIJLAND: Acta endocr. (Kbh.) **18**, 60 (1955).
[215] SILBER, R. H., and R. D. BUSCH: J. clin. Endocr. **16**, 1333 (1956).
[216] — and R. OSLAPAS: Clin. Chem. **4**, 278 (1958).
[217] — and C. C. PORTER: in Methods of biochem. Anal., D. GLICK, Edit. **4**, 139 Interscience Publ. 1957.
[218] GORNALL, A. G., and M. P. MCDONALD: J. biol. Chem. **201**, 279 (1953).

[219] BUSH, I. E., and V. B. MAHESH: J. Endocr. 18, 1 (1959).
[220] REICH, M.: Aust. J. exp. Biol. med. Sci. 36, 555 (1958).
[221] GEMZELL, C. A., and G. NOTTER: J. clin. Endocr. 16, 483 (1956).
[222] BIRKE, G., C. A. GEMZELL, L. O. PLANTIN and H. ROBBE: Acta endocr. (Kbh.) 27, 389 (1958).
[223] SWEAT, M.: J. clin. Endocr. 15, 1043 (1955).
[224] ELY, R. S., E. R. HUGHES and V. C. KELLEY: J. clin. Endocr. 18, 190 (1958).
[225] TAIT, S. A. S., and J. F. TAIT: Mem. Soc. Endocr. 8, 40 (1960).
[226] WILSON, H., and R. FAIRBANKS: Arch. Biochem. 53, 71 (1954).
[227] LA BROSSE, E. H.: Arch. Biochem. 49, 451 (1954).
[228] MARKS, L. J., and J. H. LEFTIN: J. clin. Endocr. 14, 1263 (1954).
[229] BAYLISS, R. I. S., and A. W. STEINBECK: Biochem. J. 54, 523 (1953).
[230] MIGEON, C. J., A. A. SANDBERG, E. L. BLISS and A. R. KELLER: J. clin. Endocr. 16, 253 (1956).
[231] WEICHSELBAUM, T. E., and H. W. MARGRAF: J. clin. Endocr. 19, 1011 (1959).
[232] MADER, W. J., and R. R. BUCK: Anal. Chem. 24, 666 (1952).
[233] MEYER, A. S., and M. C. LINDBERG: Analyt. Chem. 27, 813 (1955).
[234] IZZO, A. J., E. H. KEUTMANN and R. B. BURTON: J. clin. Endocr. 17, 889 (1957).
[235] CHEN, C., J. WHEELER and H. E. TEWELL: J. Lab. clin. Med. 42, 749 (1953).
[236] — S. M. VOEGTLI and S. FREEMAN: J. biol. Chem. 217, 709 (1955).
[237] COPE, C. L., B. HURLOCK and C. SEWELL: Clin. Sci. 14, 25 (1955).
[238] WEICHSELBAUM, T. E., and H. W. MARGRAF: J. clin. Endocr. 17, 959 (1957).
[239] — R. ELMAN and H. W. MARGRAF: J. clin. Endocr. 17, 1158 (1957).
[240] ABELSON, D., and P. K. BONDY: Arch. Biochem. 57, 208 (1955).
[241] SWEAT, M. L.: Anal. Chem. 26, 773 (1954).
[242] GOLDZIEHER, J. W., J. M. BODENSCHUK and P. NOLAN: Analyt. Chem. 26, 853 (1954).
[243] — and P. K. BESCH: Analyt. Chem. 30, 962 (1958).
[244] BRAUNSBERG, H., and S. B. OSBORN: Analyt. chim. Acta 6, 84 (1952).
[245] ABELSON, D., and P. K. BONDY: Analyt. Chem. 28, 1922 (1958).
[246] BRAUNSBERG, H., and V. H. T. JAMES: Analyt. Biochem. 1, 452 (1960).
[247] STEWART, C. P., F. ALBERT-RECHT and M. L. OSMAN: Clin. chim. Acta 6, 696 (1961).
[248] SWEAT, M. L., W. E. ABBOTT, W. M. JEFFERIES and E. L. BLISS: Fed. Proc. 12, 141 (1953).
[249] GUILLEMIN, R., G. W. CLAYTON, H. S. LIPSCOMB and J. D. SMITH: J. Lab. clin. Med. 53, 830 (1959).
[250] RUDD, B. T., J. M. COWPER and N. CRAWFORD: Clin. chim. Acta 6, 686 (1961).
[251] BRAUNSBERG, H., and V. H. T. JAMES: Analyt. Biochem. 1, 443 (1960).
[252] AVIVI, P., S. A. SIMPSON, J. F. TAIT and J. K. WHITEHEAD: Proc. 2. Radioisotope Conf. S. 313. London: Butterworth Scient. Publ. 1954.
[253] HÜBENER, J. J., u. F. G. SAHRHOLZ: Naturwissenschaften 46, 112 (1959).
[254] HÜBENER, H. J., u. C. O. LEHMANN: Hoppe Seylers Z. physiol. Chem. 312, 124 (1958).
[255] KESTON, A., S. UDENFRIED and R. K. CANNAN: J. Amer. chem. Soc. 71, 249 (1949).

[256] BOJESEN, E., A. KESTON and M. CARSIOTIS: Abstr. Comm. XIX. Int. Physiol. Congr. Montreal 1953, S. 220.
[257] PETERSON, R. E.: Proc. Symp. Advances in Tracer Appl. of Tritium, New England Nuclear Corp., Boston, Mass., 1958, S. 16.
[258] KLIMAN, B., and R. E. PETERSON: Fed. Proc. 17, 255 (1958).
[259] — — J. biol. Chem. 235, 1639 (1960).
[260] BOJESEN, E., and H. DEGN: Acta endocr. (Kbh.) 37, 541 (1961).
[261] CHRISTENSEN, N. H.: Acta chem. scand. 15, 219 (1961).
[262] CARSTENSEN, H.: Acta Soc. med. (Uppsala) 61, 1 (1956).
[263] SOBEL, S., R. J. HENRY, O. J. GOLUB and M. RUDY: J. clin. Endocr. 19, 1302 (1959).
[264] BAULD, W. S.: Biochem. J. 56, 428 (1954).
[265] FOTHERBY, K., and D. N. LOVE: J. Endocr. 20, 157 (1959).
[266] ANTON, H.-U.: Röntgen- u. Lab.-Prax. 5, 236 (1952).
[267] SHEATH, J. B.: Aust. J. exp. Biol. med. Sci. 37, 133 (1959).

MIX
Papier aus verantwortungsvollen Quellen
Paper from responsible sources
FSC® C105338

If you have any concerns about our products,
you can contact us on
ProductSafety@springernature.com

In case Publisher is established outside the EU,
the EU authorized representative is:
**Springer Nature Customer Service Center GmbH
Europaplatz 3, 69115 Heidelberg, Germany**

Printed by Libri Plureos GmbH
in Hamburg, Germany